疯马与牛 ◎ 编著

Premiere
视频剪辑全能一本通

新印象
NEW
IMPRESSION

人民邮电出版社
北 京

图书在版编目（CIP）数据

新印象：Premiere视频剪辑全能一本通 / 疯马与牛编著. —— 北京：人民邮电出版社，2023.6
ISBN 978-7-115-59168-5

Ⅰ．①新… Ⅱ．①疯… Ⅲ．①视频编辑软件 Ⅳ．①TP317.53

中国版本图书馆CIP数据核字（2022）第078630号

内 容 提 要

本书由浅入深、循序渐进地讲解了日常剪辑、自媒体剪辑和商业剪辑 3 方面的内容，涵盖短视频、微电影、Vlog、商业快剪和企业宣传片等制作全过程。全书以剪辑为切入点，以不同类型的实例为基础，让读者学习后可以举一反三，进而掌握更多的视频创作技巧。

本书适合以视频创作为主的自媒体从业者使用，也可作为数字媒体专业学生的参考书。

◆ 编　　著　疯马与牛
　　责任编辑　王振华
　　责任印制　马振武
◆ 人民邮电出版社出版发行　　北京市丰台区成寿寺路 11 号
　　邮编　100164　电子邮件　315@ptpress.com.cn
　　网址　https://www.ptpress.com.cn
　　北京印匠彩色印刷有限公司印刷
◆ 开本：787×1092　1/16
　　印张：14.5　　　　　　　2023 年 6 月第 1 版
　　字数：467 千字　　　　2023 年 6 月北京第 1 次印刷

定价：109.80 元

读者服务热线：(010)81055410　印装质量热线：(010)81055316
反盗版热线：(010)81055315
广告经营许可证：京东市监广登字 20170147 号

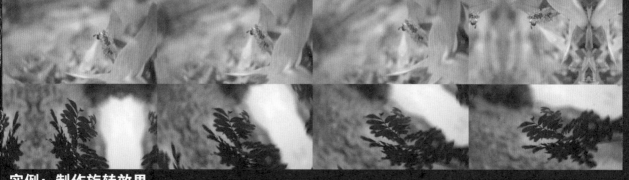

实例：制作放大效果

■ 教学视频　实例：制作放大效果.mp4
■ 学习目标　学习放大的方法

第68页

实例：制作拉镜效果

■ 教学视频　实例：制作拉镜效果.mp4
■ 学习目标　学习制作拉镜效果的方法

第69页

实例：制作缩放扭曲效果

■ 教学视频　实例：制作缩放扭曲效果.mp4
■ 学习目标　学习制作缩放扭曲效果

第73页

实例：制作旋转效果

实例：制作渐变擦除效果

■ 教学视频　实例：制作渐变擦除效果.mp4
■ 学习目标　利用"渐变擦除"效果制作转场

第79页

实例：制作无缝转场

■ 教学视频　实例：制作无缝转场.mp4
■ 学习目标　学习蒙版

第81页

实例：制作"盗梦空间"开场

■ 教学视频　实例：制作"盗梦空间"开场.mp4
■ 学习目标　学习"旋转""缩放"

第86页

实例：制作文字遮罩开场

■ 教学视频　实例：制作文字遮罩开场.mp4
■ 学习目标　学习文字遮罩开场的制作

第89页

实例：制作文字书写开场

■ 教学视频　实例：制作文字书写开场.mp4
■ 学习目标　学习文字书写开场的制作

第90页

实例：制作快速翻页开场

■ 教学视频　实例：制作快速翻页开场.mp4
■ 学习目标　利用素材制作快速翻页开场

第92页

实例：利用坡度变速改变视频节奏

■ 教学视频　实例：利用坡度变速改变视频节奏.mp4
■ 学习目标　学习坡度变速

第143页

实例：使用模板制作花字

■ 教学视频 实例：使用模板制作花字.mp4

■ 学习目标 学习在After Effects中制作花字的方法

第161页

实例：抽帧剪辑技巧

■ 教学视频 实例：文艺港风视频剪辑技巧.mp4

■ 学习目标 通过剪辑营造文艺港风氛围

第180页

实例：制作复古蒸汽波风格视频

■ 教学视频 实例：制作复古蒸汽波风格视频.mp4

■ 学习目标 通过剪辑营造复古蒸汽波风格

第182页

实例：制作闪黑、闪白效果

■ 教学视频　实例：制作闪黑、闪白效果.mp4

■ 学习目标　学习制作闪黑、闪白效果

第201页

实例：网络素材与实际拍摄的融合

■ 教学视频　实例：网络素材与实际拍摄的融合.mp4

■ 学习目标　学习添加科技感素材

第214页

实例：多机位剪辑

■ 教学视频　实例：多机位剪辑.mp4

■ 学习目标　学习多机位剪辑

第217页

前言

今天，我们如果想通过学习改变自己，如果想通过一项技能让自己脱颖而出，如果想用较小的投入成就更好的自己，那么学习视频剪辑是正确的选择。每一个会用视频讲故事的人都是这个时代的主人，当我们学会拍摄与剪辑后，就可以创造属于自己的影像世界。

无论学生想要通过影像记录自己有趣的生活，还是上班族想要在工作之余打破"朝九晚五"的束缚，活出自己的精彩，抑或已经入行的视频创作者想用更多技巧拍出更优秀的作品，都可以通过学习本书完成"记录生活，展示自己"的目标。

当然，在学习一项新技能时，跨出第一步总是艰难的，本书创作的初衷就是将这艰难的一步变得简单又有趣。市场上类似的软件教程图书有很多，但大部分图书都在教大家如何去使用某款软件，或者详尽地讲述软件的各项功能。这类图书看似讲解详细，实则晦涩难懂又无法真正地应用在实际工作中。本书操作部分以Adobe Premiere为基础进行教学，当读者真正用心地学完后，就会发现自己不仅能了解软件的各项功能，而且能掌握视频创作的核心。

内容特点

• 通过文字与视觉效果的结合，让读者在阅读时更容易理解各种操作，即使在不使用计算机的情况下，阅读本书的文字部分也能有效地学习和掌握相关知识。

• 搭配各种类型的实际操作案例，与各章节内容结合，使软件的使用更系统化、层次化。搭配实例的视频讲解和丰富的素材包，将实际操作对照视频讲解，一步步地学习，零基础的"小白"也能轻松上手。

• 以软件操作为主要内容，从视频制作流程的各方面入手，让读者详细地了解视频制作的各个环节，在理解剪辑的同时学会效果的制作、视频的调色和音频的处理。

• 强化对拍摄和叙事等基础与进阶理论的讲解，提高视频创作者的综合素质，为初学者学习更加专业的知识打下良好的基础。

• 书中的"技巧提示"模块能在一定程度上解决读者在制作视频时遇到的困难，帮助读者掌握高效率使用软件的技巧。

• 通过通俗易懂的理论分析和"手把手"式教学实例的讲解，让读者达到边学边练的效果，并且能快速地将所学技巧应用到实际创作剪辑过程中，获得"所用即所学"的学习成就感。

编著者

资源与支持

本书由"数艺设"出品，"数艺设"社区平台（www.shuyishe.com）为您提供后续服务。

配套资源

素材文件： 视频、音频、图片素材
实例文件： 视频源文件
效果文件： 视频最终效果文件
视频教程： 所有案例的具体操作过程

资源获取请扫码

提示：

微信扫描二维码，点击页面下方的
"兑"→"在线视频+资源下载"，输入51
页左下角的5位数字，即可观看全部视频。

"数艺设"社区平台，为艺术设计从业者提供专业的教育产品。

与我们联系

我们的联系邮箱是 szys@ptpress.com.cn。如果您对本书有任何疑问或建议，请您发邮件给我们，并请在邮件标题中注明本书书名及ISBN，以便我们更高效地做出反馈。

如果您有兴趣出版图书、录制教学课程，或者参与技术审校等工作，可以发邮件给我们。如果学校、培训机构或企业想批量购买本书或"数艺设"出版的其他图书，也可以发邮件联系我们。

关于"数艺设"

人民邮电出版社有限公司旗下品牌"数艺设"，专注于专业艺术设计类图书出版，为艺术设计从业者提供专业的图书、视频电子书、课程等教育产品。出版领域涉及平面、三维、影视、摄影与后期等数字艺术门类，字体设计、品牌设计、色彩设计等设计理论与应用门类、UI设计、电商设计、新媒体设计、游戏设计、交互设计、原型设计等互联网设计门类，环艺设计手绘、插画设计手绘、工业设计手绘等设计手绘门类。更多服务请访问"数艺设"社区平台www.shuyishe.com。我们将提供及时、准确、专业的学习服务。

目录

目录

第4章 快速制作微电影 105

目录

第 1 章 日常记录剪辑

■ 学习目的

　　本章讲解视频剪辑相关的基础内容，包含剪辑的基本原理、常用剪辑手法和蒙太奇的用法，以及基础转场等内容。读者通过对本章的学习，能够建立起对视频剪辑的基本认识，也能够掌握基础剪辑技巧。

■ 主要内容

- 镜头组接基础
- 常用的剪辑手法
- 蒙太奇的用法
- 常用的转场

1.1 镜头组接基础

在开始进行视频剪辑前，我们需要掌握镜头组接的基础知识，这样在面对繁杂的素材时才知道从何处下手。

1.1.1 镜头组接的逻辑性

在面对繁杂的素材时，我们应该有逻辑、有构思、有意识、有创意、有规律地把它们连贯地组接在一起，同时需要遵循事物的发展规律，否则剪辑出的视频会让人产生不流畅、不舒服的观感，甚至会让人不知所云。

· 符合逻辑

在剪辑视频时，要遵循事物的客观发展规律，要遵循生活的逻辑和思维的逻辑，将众多素材组接成一个完整且符合逻辑的片段。

例如，在表现吃饭的片段中，主要流程为上菜、夹菜、吃菜，组接时按照这样的逻辑进行剪辑，才能让观众理解，如图1-1所示。如果按吃菜、上菜、夹菜的顺序进行剪辑就会造成逻辑混乱，让观众难以理解，如图1-2所示。

图1-1

图1-2

· 选好剪辑点

在组接镜头的过程中同样需要注意连续性，尤其是前后两个镜头中都有动作出现时，应注意不要让观众感受到动作或逻辑存在"打结"或跳跃的情况，这就需要我们选好剪辑点。例如，拿茶壶、倒水、放下茶壶、喝水这4个镜头，上一个镜头出现的动作与下一个镜头的组接显得自然、流畅，清晰地表现了喝茶的过程，如图1-3所示。

图1-3

接下来具体分析剪辑点。

第1个镜头的最后1帧画面是手即将要去拿茶杯，如图1-4所示。

第2个镜头的第1帧画面是手已经放到茶杯上，如图1-5所示。

第2个镜头的最后1帧画面是拿起茶壶即将倒水，如图1-6所示。

图1-4 图1-5 图1-6

第3个镜头的第1帧画面是使用茶壶倒水，如图1-7所示。

第3个镜头的最后1帧画面是放下茶壶，如图1-8所示。

第4个镜头的第1帧画面是放下茶壶，如图1-9所示。

图1-7 图1-8 图1-9

虽然从拿茶杯到倒水的画面使用了4个不同的镜头，但是每个镜头之间的动作是非常连贯的，会给观众带来连续感和流畅感，不会让观众因突兀或跳跃而产生不适。

- **情绪和节奏**

在视频作品中，我们需要将情绪准确地传递给观众。这就需要在剪辑时做好把控，给抒情片段保留足够的情绪镜头。这样既保持了情绪的传递，又给观众留下了回味和想象的空间，如图1-10所示。

图1-10

视频在表达情绪时一般会适当地放慢节奏，而追逐、打斗等场面一般会加快节奏。在具体操作上，可以使用一系列时间较短的镜头进行组接，甚至只用几帧画面连续交叉组接，给人以紧张感和刺激感。我们可以看到在一系列打斗场面中，每段镜头持续的时间较短，营造出了打斗过程中的紧张感和激烈感，如图1-11所示。

图1-11

1.1.2 景别的应用与组接

　　仅按照镜头之间组接的逻辑进行剪辑，有时还是会出现不顺畅的现象，这很可能是景别的组接出现了问题。本小节将重点讲解景别的应用与组接。

· 认识景别

　　景别是指在焦距不变时，摄像机与被摄物体的距离不同，造成被摄物体在摄像机中呈现出的范围大小有所区别。通俗地讲，景别就是在画面中对被摄物体进行大小区分，按照被摄物体由远及近的顺序，一般把景别大致分为远景、全景、中景、近景和特写5种，简称为"远全中近特"。有时还可以把远景扩展为远景和大远景，把特写扩展为特写和大特写。

　　如果在视频中使用复杂多变的场面调度和镜头调度，同时交替使用各种不同的景别表现画面，则可以使剧情的叙述、人物思想感情的表达、人物关系的处理更具表现力，从而增强视频的艺术感染力。很多影视作品都是由多个景别组接而成的，如图1-12所示。

图1-12

· 景别的分类及应用

　　以拍摄人物为例，按照由近至远的顺序可以将景别分为特写（人体肩部以上）、近景（人体胸部以上）、中景（人体膝部以上）、全景（人体全部和周围部分环境）、远景（被摄物体所处环境）。在拍摄时我们也能感受到，镜头越接近被摄主体，场景越窄；镜头越远离被摄主体，场景越宽。正所谓"近取其神、远取其势"，不同的景别会传达给观众不同的信息。接下来，我们将对每种景别的作用及其应用场景进行介绍。

特写

　　特写通常用于拍摄人像的面部、人体的某一局部或一件物品的细部。特写镜头拥有非常强的主观选择性，能起到强调作用。尤其是在拍摄人物的面部特写时，这种镜头可以让观众的注意力集中在情绪表达上，从而感受到人物内心强烈的快乐、悲伤和愤怒等情绪变化，如图1-13所示。

图1-13

　　特写可以突出人物内心的情绪，比如拍摄眼中饱含着泪水来表现悲伤（见图1-14）；还可以突出强调某个细微动作，比如拍摄紧握着剑的手来表现紧张感（见图1-15）。

图1-14   图1-15

特写镜头可以进行强烈的情感表达，从而推进故事的发展，但注意不要滥用，只有在关键时刻使用才会起到较好的作用。

近景

近景指人物胸部以上或景物局部面貌的画面。近景是常用的景别，这种景别和我们在与人交谈时眼睛看到的景别相似，即可以将被摄主体直接推至观众眼前。观众在近景中既可以观察到人物的面部表情，体会到画面传达的情感，又可以观察到人物的身体动态，如图1-16所示。近景还经常被使用在对话场景中，如图1-17所示。

图1-16   图1-17

中景

中景指人物膝盖以上部分的画面。中景不仅有利于观众观察人物表情，还有利于观众欣赏人物的形体动作，所以是叙事能力较强的一种景别。在包含对话、动作和情绪交流的场景中，利用中景可以兼顾人物与人物之间、人物与周围环境之间关系的表现。在多人物场景中，中景可以清晰地表现人物之间的相互关系，如图1-18所示。

图1-18

中景的特点决定了它可以更好地表现人物的身份、动作和目的。使用中景配合低角度仰视镜头，可以塑造有力量感的人物形象，给人以强烈的视觉冲击力。中景一般运用在警匪片、牛仔片和武侠片中，尤其是在人物拔枪、挥剑或拔刀时可以塑造其高大的形象，如图1-19所示。

技巧提示

虽然中景是拍摄人物膝盖以上的部分，但是一般并不正好以膝盖为分界线，因为以关节部位为分界线是摄像构图中的大忌。

图1-19

全景

在全景景别中，观众能看到人物的一举一动。因此全景一方面可以用于表现人物与人物之间、人物与环境之间的关系，另一方面可以利用背景营造氛围。全景在叙事、抒情和阐述人物与环境关系方面起着独特的作用，如图1-20所示。运用全景可以拍摄出秋叶与侠客的背影，如图1-21所示。

技巧提示

在拍摄全景时，人物的头顶要留有空间，这样才不会让观众在视觉上觉得不协调。这种景别让观众既能看清人物面部表情，又能看清其肢体动作，因此常常用来塑造人物。

图1-20　　　　　　图1-21

远景

远景常用于展示人物及其周围广阔的空间环境、自然景色和群体活动的大场面。远景镜头经常用来交代环境信息，如位置、场景、年代或氛围，如图1-22所示。在拍摄打斗场景时可以用远景来展示环境，如图1-23所示。

技巧提示

一部影片的开始经常使用远景作为定场镜头，集中交代故事背景，即告诉观众接下来的剧情是发生在一个什么样的环境中。

图1-22　　　　　　图1-23

• 景别的组接

在一个片段中，景别的变化一般采用循序渐进的方法。也就是说进行镜头组接时，景别的变化不能过于割裂或跳跃，否则会显得突兀。如果前后两个镜头的景别变化不大，观众看起来就不会产生跳跃感，如图1-24所示。这时只需要调整拍摄角度即可使画面组接效果更好，如图1-25所示。

图1-24

图1-25

当前后两个镜头的角度一致时，镜头景别也应该有所差别。如果两个镜头的景别不同，但是角度大致相同，那么它们组接在一起时也不会产生严重的跳跃感，如图1-26所示。

图1-26

技术专题：30°原则

总体来说，如果前后两个镜头的景别一致，那它们的角度应该有所不同。两个镜头的角度差异要在30°以上，这样剪辑的效果才会顺畅，这就是剪辑中的"30°原则"。如果两个镜头的角度一致，那么景别应该有所不同。

当然这只是常规的景别组接方法，有时部分影片也会采取非常规的景别组接方法来表达导演的特殊用意。

1.1.3 镜头组接技巧

在掌握了镜头逻辑和景别之间的组接方法后，我们还需要了解运动镜头和固定镜头之间的组接技巧。具体来说，就是要学会如何实现静接静、动接动、静接动。

• 静接静

静接静是指固定镜头的组接。大多数视频创作中都会采用大量的固定镜头，以达到画面稳定的效果。这种组接除了要遵循30°原则外，还要尽量保持组接的两个镜头长度一致，忽长忽短的镜头会给人以杂乱的感觉，如图1-27所示。如果视频或短片是跟随音乐节奏进行剪辑的，则另当别论。

图1-27

- ## 动接动

　　动接动是指运动镜头的组接。运动镜头一般有推、拉、摇、移、跟5种形式，在对这几种形式的素材进行剪辑时要遵循动接动的原则。

　　如果每段素材的主体和运动方式都不同，如风景片，就要在运动时切换镜头，同时在第1个运动镜头中有起幅、在最后1个运动镜头中有落幅，如图1-28所示。起幅是指运动镜头开始的画面，落幅是指运动镜头结束的画面，一般起幅和落幅要停留1～2秒。

图1-28

　　如果每段素材的主体不同，但运动方式相同（如旅拍视频），则应使素材的运动方向保持一致。也就是当第1个镜头向右摇时，第2个镜头依然要保持向右的运动。如果第2个镜头向左摇，那么画面就会产生错乱感。例如，在一段旅拍视频中，前后两个画面中的人都是从左向右走，镜头都是跟随人走动的方向移动，如果第2个画面中的人从右向左走，镜头跟着一起移动，画面就会显得很混乱，如图1-29所示。

图1-29

　　推拉镜头的组接也是同样的原理。我们可以使用拉镜头，一次一次地拉出，形成一步一步的展示效果，使观众从细节看到整体。但是不能将推镜头和拉镜头直接组接，否则会出现奇怪的效果。如果镜头拍摄时有推有拉，可以将推镜头倒放，以形成拉镜头。

　　在部分镜头中，由于主体人物在运动，如果进行倒放等调整，主体人物的动作就会出现问题。对于这种情况，可以通过保留相接处的起幅和落幅将两段素材组接，也就是在刚开始拍摄时和最后结束时都停留几秒，拍摄静止画面，使其变成静接静的镜头。

- ## 静接动

　　静接动是指固定镜头和运动镜头的组接，一般在两个画面相接处留有起幅和落幅。例如，第1个画面是运动镜头，在运动结束后停留2秒，将这段运动镜头变为静态，再组接一个静态的固定镜头形成静接静。固定镜头接运动镜头也是同样的原理。

　　如果素材中的运动镜头是"移"和"跟"这两种形式，则可以将动静之间组接的起幅和落幅用"剃刀工具"剪辑掉。当然，将两段素材直接组接也不会显得突兀，前提是前后两段素材要有关联。

　　例如，第1个镜头是跟着人物向前跑，是一个侧面的平移跟镜头，第2个镜头是画面中的人物向镜头跑来，在人物正面拍摄的固定镜头，如图1-30所示。这时虽然没有起幅和落幅，但是画面依旧流畅。

图1-30

1.1.4 轴线与越轴

"轴"是影视拍摄和剪辑中的基础,几乎所有影视作品都会遵循轴线原则。轴线原则又称为"180°原则",是指当拍摄两人以上的人物位置关系时,摄影机必须始终位于同一侧。

· 轴线

轴线是指两个被摄物体之间相连的虚拟线条,可以是两个被摄物体之间的运动方向,也可以是它们的视线方向。在拍摄时,无论摄影机的景别、角度和方向如何变化,被摄物体都需要在摄影机的同一侧,否则就是越轴。

例如,观众在观看球赛时,如果所有的摄影机都置于场地的同一侧,观众看到的所有画面的方向都是相同的,也很流畅;如果场地两侧都有摄影机,观众会看到同一支球队一会儿向左进攻,一会儿向右进攻,画面显得十分混乱。拍摄人物时也是这样,要将摄影机放在人物的同一侧,保证画面左侧的永远在画面左侧、画面右侧的永远在画面右侧。所以大部分影视作品都是按照轴线的规律进行拍摄的,如图1-31所示。

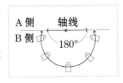

图1-31

· 如何解决越轴

如果在前期拍摄中忽视了轴线原则,出现了越轴的情况,就需要在后期制作时进行巧妙的处理。接下来将介绍解决越轴的4种方法。

方法1:解决主观镜头越轴。 主观镜头就是剧中人物看到的画面的镜头。例如,在主角和配角的对话场景中出现了越轴,这时可以先组接存在关联性的镜头,如视角方向的茶杯特写等,然后将镜头对准人物重新建立轴线,如图1-32所示。

方法2:拍摄骑轴镜头。 如果担心出现越轴的情况,可以在前期拍摄时拍摄一个骑轴的镜头,将摄影机置于轴线上,削弱越轴带来的突兀感,如图1-33所示。

图1-32

图1-33

方法3:利用中性镜头,也就是将没有空间关系的镜头组接到画面中。 例如,通过添加书信来表现离别或恩怨情仇,以交代故事情节,如图1-34所示。

方法4:利用特写终结镜头之间的轴线关系。 当特写镜头充满屏幕时,观众感受不到轴线的存在,因此可以利用特写终结当前镜头之间的轴线关系,在下一个镜头中重新构建轴线关系,如图1-35所示。

图1-34

图1-35

镜头组接的基本原理已经阐述完毕，后面将介绍如何运用这些原理。不难发现，部分影视作品并没有完全遵循镜头组接原理，也没有严格按照标准来剪辑，而是形成了独特的风格，这是不是意味着我们也可以按照自己的想法来剪辑呢？当然不是，我们只有先掌握了这些基本原理，才能拥有打破这些原理并形成自身风格的基石。

1.2 常用的剪辑手法

剪辑在影视创作中是一个非常重要的环节，我们看到的影视作品很少是没有经过剪辑处理的（不经过剪辑处理的拍摄方式被称为"一镜到底"），所以学习剪辑是视频创作中比较重要的部分。剪辑能让观众懂得视频要表达的想法与剧情，同时也有助于提升故事的流畅度。本节将介绍4种基础剪辑手法。

1.2.1 4种基础剪辑手法

手法1：硬切。硬切是剪辑中比较常用的手法。硬切就是拍摄时通过不同的取景角度和镜头焦段记录同一个场景，并将这几个片段组接在一起，使用不同的视角为观众描述一件事情，如图1-36所示。

图1-36

手法2：跳切。跳切就是对同一镜头进行剪辑，通常用来表现时间的流逝。例如，在拍摄糕点的制作镜头中，只需要剪几个镜头就能体现整个制作过程，如图1-37所示。在自媒体时代，跳切剪辑成了视频博主们经常使用的剪辑手法。视频博主们面对镜头讲述故事时，使用跳切可以删除录制中多余的部分，将一个冗长的画面剪辑成一个快速跳跃的连续画面，有助于加速对故事的描述，让观众清晰明了。

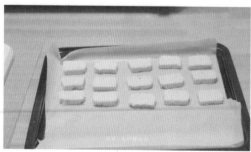

图1-37

技巧提示

通过跳切这种以跳跃的方式推进时间线的剪辑手法处理的作品，剪辑的痕迹和画面的不连贯表现得较明显。这种手法用在影视表达上可以加重镜头的急迫感，而用在Vlog的表达上可以提高叙事效率。另外，根据背景音乐的节奏进行跳切剪辑可以增强节奏感和趣味性。

　　手法3：动作顺接。动作顺接就是镜头在角色仍处于运动状态时进行切换。使用这种剪辑手法时，一定要找准两个镜头之间的剪切点。剪切点就是两个不同景别或不同角度的镜头中的主体做同样动作的瞬间，如图1-38所示。例如，上一个镜头末尾为抬手动作，下一个镜头开始也是抬手动作。相比于"硬切"的剪辑手法，动作顺接一定要在两个镜头中的主体都处于运动状态时进行剪辑，如人物转身的瞬间、抛东西的瞬间或开门的瞬间。

图1-38

　　手法4：交叉剪辑。交叉剪辑就是在两个场景中来回切换。通话、交流场景中会用到交叉剪辑。恰当使用交叉剪辑可以加重紧张感和悬疑感，也能体现角色的内心，如图1-39所示。

图1-39

1.2.2 匹配剪辑

　　在常用的剪辑方法中，有一种比较高级的剪辑方法——匹配剪辑。匹配剪辑可以简单理解为对连接的两个镜头，通过一致的动作、构图、形状、景别、声音或逻辑等进行组接。匹配剪辑和蒙太奇有些相似，都是将两个不相关的镜头剪辑在一起实现视觉上的连贯，或者建立一个新的内在联系。

· 匹配剪辑的广泛应用

　　匹配剪辑可以被运用在场景的切换中。例如，上一个镜头是主角在屋内闭上眼睛，下一个镜头是主角在地铁上睁开眼睛，这样就巧妙地实现了时间与空间的转换。当然，两个镜头之间的匹配度越高，时间和空间的转换就越自然，视频也越顺畅。为了实现较高的匹配度，可以找到两个镜头之间匹配的动作，如两个人物的奔跑、伸手动作，又如同一个人物站在相同的位置，但是所处的环境发生了改变等，如图1-40所示。

图1-40

在旅拍风格视频中，也可以通过让主体展现出相同的形状进行组接。例如，第1个镜头是圆盘，第2个镜头在相同的位置出现了一个圆钟。在利用匹配剪辑手法时，重点是找到两个镜头之间的联系，也就是关联性。下面介绍比较常用的两种匹配剪辑方式。

· **动作匹配**

动作匹配是较常用且较好用的匹配剪辑方式之一，在影视混剪中的使用频率很高。它将上下两个动作相同或相似的镜头剪辑在一起，画面效果十分自然、连贯。通过动作匹配能将不同的故事情节巧妙地组接在一起，让观众不会因为剪辑的不流畅而觉得不舒服。

在混剪时，可以找到人物有动作的画面，运用动作匹配来进行转场。在动作匹配中，可以将同一主体的相同动作的上下镜头进行组接，也可以将同一主体具有相同或相似动作但场景不同的上下镜头进行组接。一般用相同主体但不同场景的镜头进行转换，如图1-41所示。动作匹配还可以用于将不同主体的相似动作，在不同场景中进行上下镜头的组接，这种情况一般见于两个完全不同的故事情节或较大时空场景之间的转换。

图1-41

保持上下镜头组接动作的一致，就能使观众不易察觉到剪辑点的存在，进而达到场景之间自然转换的目的。很多变装视频正是运用这一点进行剪辑的，如图1-42所示。

图1-42

· **形状匹配**

形状匹配是将形状、大小相匹配的上下镜头进行组接。影视作品中有一个经典的形状匹配剪辑案例：在电影《2001太空漫游》中，猿人将骨头抛向空中，骨头上升的镜头立刻被切换为一艘形状相似的太空飞船的镜头。这里就是通过对形状相似的两个物体进行匹配剪辑，让观众瞬间从史前时代跨越到太空时代。骨头指代史前时代，太空飞船指代太空时代，运用形状匹配将两个毫不相关的场景进行了巧妙的组接，呈现出瞬间跨越了数万年时空的效果，如图1-43所示。

图1-43

在运用形状匹配时，可以为两个形状添加"叠化"效果，使场景组接得更加自然，同时更好地表现时空的转换。形状匹配既可以体现整个过程的完整性，又可以节约大量的时间，表示时间的流逝和场景的切换。匹配剪辑还有很多种方式，如方向匹配、视线匹配和景别匹配，我们可以将其发散地运用在日常剪辑中。

1.3 蒙太奇手法

蒙太奇是指通过镜头组接产生富有含义的艺术表达方式。蒙太奇具有叙事和表意两大功能。例如，使用手机拍摄3个画面，第1个画面是主角面对镜头微笑，第2个画面是主角被人威胁，第3个画面是主角表现出害怕的神情，对这3个画面的组接就构成了蒙太奇。如果按照主角面对镜头微笑、主角被人威胁、主角面对镜头表现出害怕的神情的顺序进行组接，则体现了主角在面对危险和胁迫时害怕、懦弱的一面。

如果换个组接顺序：主角面对镜头表现出害怕的神情、主角被人威胁、主角面对镜头微笑。这就体现了主角一开始很害怕，最后却变得释然从容的一面。由此可见，信息的出场顺序能给观众带来不同的观影感受。

又如，当女孩蹲在马路边笑着等车，车来后女孩却变得忧伤，这样的镜头组接可以传达女孩不喜欢看到车内的人物或某一物体的信息，如图1-44所示。

图1-44

如果把镜头顺序颠倒，则可以传达女孩看到车内的人物或某一物体后很高兴的信息，如图1-45所示。这就是利用蒙太奇手法所能达到的效果。

图1-45

蒙太奇可以分为叙事蒙太奇、表现蒙太奇和理性蒙太奇3个基本类型，叙事蒙太奇又可以分为平行蒙太奇、交叉蒙太奇、重复蒙太奇和连续蒙太奇。其中的平行蒙太奇、交叉蒙太奇在日常剪辑中经常使用，表现蒙太奇也较常使用，因此下面将着重介绍这3种蒙太奇手法。

1.3.1 平行蒙太奇

平行蒙太奇是叙事蒙太奇中的一种，这种蒙太奇手法在日常影视作品中经常使用，往往以交代情节、展示事件为主要目的。它的剪辑逻辑和镜头组接都按照事件发展的顺序进行，也按照情节发展的时间流程、因果关系进行，从而一步步引导观众理解剧情。使用平行蒙太奇手法剪辑的作品拥有清楚的脉络、连贯的逻辑，有助于观众理解剧情。

平行蒙太奇常将不同时空或同一时间但不同地点发生的两条或两条以上的情节线并列表现，分头叙述，进而统一在一个完整的结构之中。

例如，第1个镜头是主角进入配角家中偷偷调查配角犯罪的证据，第2个镜头是配角上楼，第3个镜头是主角翻找证据，第4个镜头是配角在门口掏钥匙准备开门，第5个镜头是主角听到门口出现声音后匆忙躲藏，第6个镜头是配角突然开门，第7个镜头是配角与同事互相打招呼（原来配角不是回家而是去办公室），第8个镜头是主角发现之前是虚惊一场。

通过一系列的平行蒙太奇叙事制造悬疑气氛，烘托出紧张的氛围感，让观众不停地担心主角会被发现，不断地切换镜头让观众越来越紧张，在最终门被打开的一刹那才发现原来两人并没有处于同一空间。这种手法就是典型的平行蒙太奇。

平行蒙太奇应用广泛，可用于删减过程以利于概括集中、节省篇幅，增加影片的信息量并增强影片的节奏感。这种手法并列表现几条线索，使它们相互烘托、形成对比，易于产生强烈的艺术感染效果。

1.3.2 交叉蒙太奇

交叉蒙太奇又称为交替蒙太奇，这种蒙太奇手法的特点是将发生在同一时间、不同地域的两条或多条情节线快速且频繁地进行交替组接，最终汇合在一起。各条情节线一般会相互依存，其中一条情节线的发展往往会影响其他情节线的发展。例如，第1条主线是主角遭到围攻，第2条主线是配角带着帮手赶来营救主角，如果在剪辑时将这两条线互相交叉，就形成了交叉蒙太奇。

通过这种剪辑技巧很容易制造出悬念，营造出紧张、激烈的气氛，让观众一方面担心主角不能成功脱险，另一方面急于知道配角何时能赶到。动作片、警匪片、战争片等类型的影视作品中经常会使用交叉蒙太奇来打造追逐和惊险的场面。例如，超级英雄电影中，经常是高潮时出现主角面临危险，配角在最关键的时刻赶到的情形，我们把这种时刻称为"最后一分钟营救"。

技术专题：两种蒙太奇的区别

以上两种蒙太奇的概念容易发生混淆，所以读者需要记住它们的区别。

区别1：在平行蒙太奇中，无论镜头如何组接，不同的情节线都不会发生相交。

区别2：在交叉蒙太奇中，两条或多条线最终肯定要相交汇聚在一点上。

1.3.3 表现蒙太奇

表现蒙太奇是通过镜头、场面或段落之间的组接，表达特定的状态或情绪，传达创作者的观点的一种手法。它让一组镜头中前一个镜头和后一个镜头相对出现，引发观众的联想与思考。一般前后两个镜头单独出现时，含义并不丰富，但它们成组相对出现时就会表达出某种特殊的含义或情绪。例如，第1个镜头拍摄病床上奄奄一息的病人，第2个镜头拍摄一朵枯萎的花或秋叶，预示着病人即将或已经去世，如图1-46所示。

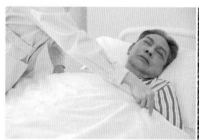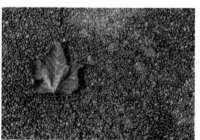

图1-46

1.4 基础转场润色视频

在自媒体兴起的时代，越来越多的转场被应用到视频中，尤其是炫酷的转场几乎已经成为短视频创作的主要内容。但是在传统的影视作品中，转场并不容易被察觉。本节将介绍5种基础转场。

1.4.1 淡入、淡出转场

画面由暗变亮，直至完全清晰，这种转场叫淡入。画面由亮转暗，直至完全隐没，这种转场叫淡出。淡入、淡出是常用的表现时间、空间转换的转场，这种转场比较有段落感，淡入是一场戏或段落的开始，淡出是一场戏或段落的结束，所以可以在整个转场中使用这种效果。

实例：制作淡入、淡出转场

素材位置	素材文件＞CH01＞实例：添加淡入、淡出转场
实例位置	实例文件＞CH01＞实例：添加淡入、淡出转场
教学视频	实例：添加淡入、淡出转场.mp4
学习目标	运用淡入、淡出效果制作转场

扫 码 看 效 果

通过调整"淡"的速度，可以展示画面渐隐、渐显的过程，从而表达不同情绪。

01 导入"素材文件＞CH01＞实例：添加淡入、淡出转场"文件夹中的"C0094.MP4"素材到"项目"面板中，然后将其拖曳到"时间轴"面板中。在"效果"面板中找到"黑场过渡"效果，将该效果拖曳到素材上，可以发现素材的开始部分产生了一个灰色矩形，如图1-47所示。

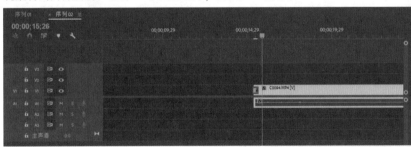

图1-47

02 将鼠标指针放置在灰色矩形的末端，按住鼠标左键并拖曳可以调整淡入的时长，也就是"淡"的速度，如图1-48所示。

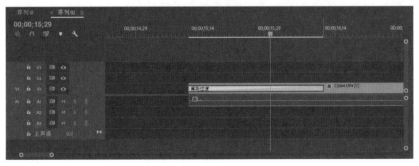

图1-48

03 在视频结尾处添加"黑场过渡"效果，让视频结尾呈现淡出的效果，注意淡出的时长不能过长或过短，根据想要表达的情绪来设置即可，如图1-49所示。

图1-49

1.4.2 叠化转场

叠化就是把一个镜头画面叠加到另一个镜头画面上，形成交叉淡化。这种转场在电影中经常用来表现时间流逝，更被广泛地应用在MV等场景中。叠化转场配合使用背景音乐会更加突出效果。

将"效果"面板中的"交叉溶解"效果拖曳到两段素材组接的位置，如图1-50所示。其时长依旧可以通过在"时间轴"面板中拖曳效果端改变，如图1-51所示。

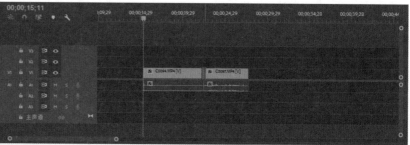

图1-50

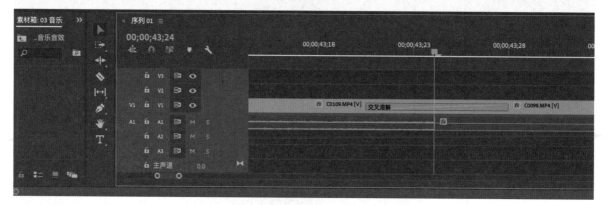

图1-51

在"效果控件"面板中可以对效果进行设置，在"对齐"下拉列表中可以看到有"中心切入""起点切入""终点切入""自定义起点"4种方式，如图1-52所示。

中心切入：可在前一段素材的结尾处和后一段素材的开始处进行"溶解"处理，如图1-53所示。

图1-52

图1-53

起点切入：可在后一段素材的开始处进行"溶解"处理，如图1-54所示。

图1-54

终点切入：可在前一段素材的结尾处进行"溶解"处理，如图1-55所示。

图1-55

1.4.3 Jcut转场

Jcut是一种"只闻其声不见其人"的转场方法。简单来说就是提前播放下一个场景的声音，带领观众进入下一个场景，即先让观众的听觉感官接受信息。由于Jcut转场让观众感受不到转场的存在，因此其能使视频显得十分自然。同时，这种方式也能让观众对接下来将要发生的事情产生好奇。在"时间轴"面板中，音频在前，视频在后，如图1-56所示。

图1-57所示两段素材，第1段素材的主角在欣赏风车，第2段素材的主角在街头骑自行车。由于两段素材相关性不大，强行组接会显得十分生硬，所以可以利用Jcut转场增强效果。

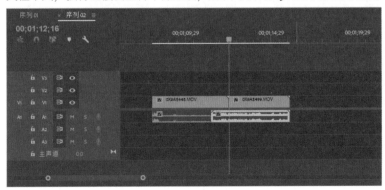

图1-56

图1-57

这时先分别将两段素材的视频和音频分离出来，选择"时间轴"面板中的素材，单击鼠标右键并执行"取消链接"菜单命令，就可以单独设置视频轨道或音频轨道上的素材了。先缩短第1段素材的音频长度，使视频长于音频，再缩短第2段素材的视频长度，使音频长于视频，如图1-58所示。最后将两段素材组接就形成了Jcut转场，如图1-59所示。

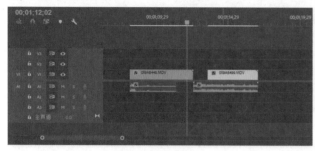

图1-58   图1-59

1.4.4 Lcut转场

Lcut转场是指上一个镜头的音效延续到下一个镜头。这种转场和Jcut转场一样能起到切分对话和画面的作用，使镜头之间的转换变得更自然。声音的滞后在一定程度上能保证视频的节奏不被打乱，形成顺滑的过渡，以引导观众。

图1-60所示两段素材，第1段素材呈现的是街头，第2段素材呈现的是女主角在火车内。如果强行组接两段素材就会产生生硬感，此时延长第1段素材的音频，使用声音即可实现过渡。

图1-60

首先取消两段素材的视频和音频链接，然后缩短第1段素材的视频，接着缩短第2段素材的音频，最后将它们组接在一起，如图1-61所示。

图1-61

第 **2** 章 万能调色公式

■ **学习目的**

　　一段好的视频，它的色调通常也会很优质。如果可以调出令人赏心悦目的色调，一定会给视频增色不少。其实想要拥有优质、炫酷或电影感的色调并不难，通过对本章的学习，读者也可以轻松调出。

■ **主要内容**

· 拍摄时获得正确的曝光　　　　　· 4种常见的风格化调色

· 调色原理　　　　　　　　　　　· 调色的捷径

2.1 获得正确的曝光

要想在后期调出优质的色调，就需要在前期拍摄时获得正确的曝光。虽然曝光正确听起来很简单，但是由于日常拍摄时所处环境不同，所以拍摄出的内容也会存在差异。尤其是在室外拍摄时，强烈的阳光会使相机屏幕变得非常暗，此时仅通过肉眼的直观感受判断曝光程度很容易出现视觉偏差，还需要通过相机中的直方图来确定曝光是否准确。

2.1.1 使用"直方图"观察曝光

例如，在一款拍摄视频常用的相机索尼A7M3中不能直接观察到直方图，如图2-1所示。

按住相机轮盘上方的DISP键，可以看到屏幕的右下角出现了一个有图案的小方块，这个就是直方图，如图2-2所示。其他相机也可以参照说明书进行调节。

图2-1 图2-2

在直方图中，x轴从左到右代表由暗到亮，y轴代表像素密度，也就是在该亮度下的像素占比。如果通过概念不能理解，则可以通过对比正确曝光、过度曝光与欠曝图片来直观感受，如图2-3～图2-5所示。

图2-3 图2-4 图2-5

正确曝光的图片的大多数像素的亮度适宜，图片既未过曝也未欠曝。而过度曝光的图片的大部分像素的亮度较高；欠曝的图片的大部分像素的亮度较低。理解直方图表现出的曝光情况，有助于拍摄时获得正确的曝光。

> **技巧提示**
>
> 这些是在正常拍摄情况下的曝光原则，如果要拍摄剪影等特殊光线效果则另当别论。

2.1.2 使用"斑马纹"观察曝光

除了通过直方图获得正确曝光外，还有一种更简单和直观的方法有助于拍摄时获得正确的曝光，那就是在使用相机拍摄时设置"斑马纹"。找到相机中的"斑马线设定"选项，如图2-6所示。

图2-6

"斑马纹"是一个辅助曝光的功能，当画面部分亮度达到一个设定值时就会出现斑马纹。如果将"斑马线水平"设置在100以内（一般来说这是摄影机曝光的极限），画面出现了斑马纹，就表示要降低曝光，如图2-7所示。

图2-7

技巧提示

在拍摄时，通常会遵循"向右曝光"原理。"向右曝光"是指在不过曝的前提下，尽量让直方图的波形靠右，这样亮部和暗部都能捕捉到足够的光线，拍摄出的画面更纯净，也更方便后期处理。

2.1.3 Log和Hlg

为了使后期调色空间更大，在前期拍摄时就要多使用Log和Hlg模式。

· Log模式

Log模式是指对相机CMOS记录的原始数据进行压缩，使相机更有效地记录素材中更多的明暗信息数据，以便在后期进行调色时能够更好、更真实地还原其记录的大量信息，进而在屏幕上呈现贴近人眼的动态范围。

技巧提示

一般在单反相机中可以使用Log模式，但是在更加专业的电影机上可以直接保存CMOS的海量原始数据，以拍摄更专业的RAW格式视频。

· Hlg模式

除了Log模式外，有一些单反相机还自带Hlg模式。因为这种模式通常不需要手动恢复视频的色彩，所以受到更多视频创作者的青睐。同时由于它能实现更高的动态范围和更广的色彩范围，因此有助于视频创作者还原色彩和进一步调色。Hlg模式可兼容不同的屏幕和不同品牌的相机。在使用不同的相机进行创作时，建议使用Hlg模式，这样能够在后期处理中有效地减少色差。

技巧提示

如果在使用计算机观看Hlg格式的视频时出现发灰的情况，不必惊慌，这是由视频播放软件或剪辑软件版本过低造成的，并不是因为拍摄时出现了问题，只需要升级软件版本即可。

在相机中按MENU键，找到并选择"图片配置文件"选项，此时会出现PP1~PP9选项，选择合适的模式就可以进行拍摄，如图2-8所示。PP是Picture Premiereofile的缩写，1~9代表对视频对比度、动态范围的影响。在索尼A7M3中，PP7代表Slog2，PP8代表Slog3，PP10代表Hlg。每个相机型号不同，设置Log和Hlg的方式也有所不同，具体可以根据说明书或官方提供的参考进行设置。

图2-8

2.2 Lmuetri颜色

拍摄好素材后，就可以通过Premiere对其进行调色。将素材从"项目"面板拖曳到"时间轴"面板中，以当前素材新建一个序列，当序列创建完成之后就会出现时间线，如图2-9所示。

图2-9

2.2.1 使用Lmuetri颜色进行调色

在"项目"面板中单击鼠标右键并执行"新建项目>调整图层"菜单命令，新建一个"调整图层"，在弹出的"调整图层"对话框中单击"确定"按钮 确定 完成调整图层的创建，如图2-10所示。

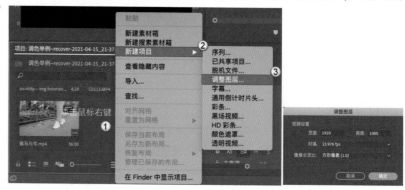

图2-10

因为"调整图层"会影响当前其下方的所有图层，所以要将其放置在需要调整的素材上方。把"调整图层"拖曳到V2轨道上，如图2-11所示。此时发现视频没有受到任何影响，这是因为"调整图层"本身是透明的，不存在任何效果和属性。因为调色是在"调整图层"上操作的，并不是在原始素材上操作的，所以只有在"调整图层"上进行设置或修改才会对视频产生影响。

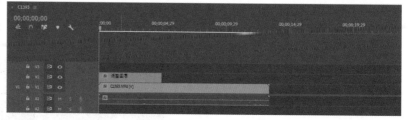

图2-11

技巧提示

添加视频效果尽量不要在原始素材上进行，而要在"调整图层"上进行，这样一方面便于进行对比，另一方面也便于保持素材的质量。

2.2.2 什么是Lumetri颜色

在菜单栏中执行"窗口＞Lumetri颜色"菜单命令，会弹出"Lumetri颜色"面板，如图2-12所示。

"Lumetri颜色"面板分为"基本校正""创意""曲线""色轮和匹配""HSL辅助""晕影"6个区域，如图2-13所示。

图2-12   图2-13

2.2.3 一级校色

一级校色的作用主要是弥补画面中前期拍摄的不足，如在拍摄时遇到的曝光、色温、反差等情况。如果使用了Log模式，还要将灰片修复成正常的颜色。

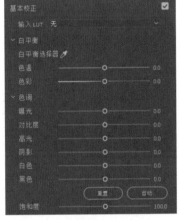

· 基本校正

可以对画面进行色彩和曝光的校正，如图2-14所示。先分析需要调色的素材存在什么问题，然后有针对性地解决这些问题，将视频还原成正常的观感。一级校色的操作一般在"基本校正"区域中完成。

输入LUT

可以将LUT理解为滤镜，由于在一级校色中几乎不会用到，所以这里不做重点讲解，后面会单独讲解如何制作和使用LUT。

图2-14

白平衡

"白平衡"即白色的平衡，是描述显示器中红、绿、蓝三基色混合后生成白色精确度的一项指标。白平衡主要用来校正画面的色彩。白平衡正确时的画面和肉眼看到的真实画面基本一致，白平衡不正确时的画面会出现偏蓝或偏黄等情况。"色温"为–46.5时画面偏蓝，为45.3时画面偏黄，如图2-15所示。

色调

"色调"用来校正曝光。"色调"中有6个部分，分别是曝光、对比度、高光、阴影、白色和黑色。

曝光： 用于调控画面整体的曝光，可以把画面提亮或压暗。增大"曝光"为2.6时画面变得更亮，减小"曝光"为–2.3时画面变得更暗，如图2-16所示。

图2-15   图2-16

对比度： 用于调节画面的亮暗对比。增大"对比度"会使暗的区域更暗、亮的区域更亮，减小"对比度"会使画面亮和暗的过渡不那么明显，给人灰蒙蒙的感觉。例如，设置"对比度"为80.2时亮暗对比更明显，设

置"对比度"为45.1时画面呈灰蒙蒙的状态，如图
2-17所示。

高光： 用于控制画面中次亮的部分。

阴影： 用于控制画面中次暗的部分。

白色： 用于控制画面中最亮的部分。

图2-17

黑色： 用于控制画面中最暗的部分，增大或减小该值都会对画面中最暗的部分产生影响。

技术专题： 阴影与黑色的区别

　　在不进行其他操作的情况下只设置"黑色"为-100时，可以看到视频左下角的部分显示为一片纯黑色，如图2-18所示。在不进行其他操作的情况下只设置"阴影"为-100时，可以看到视频的左下角依旧能区分次黑的部分与纯黑色的部分，以及黑色的铁线，如图2-19所示。

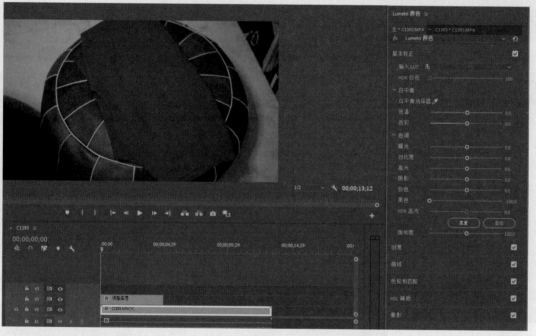

图2-18

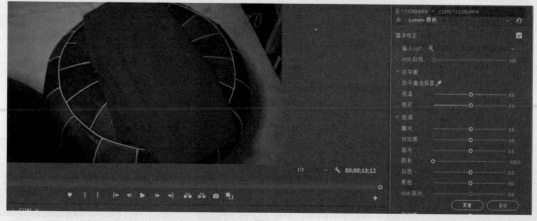

图2-19

按照这个逻辑来理解，可以认为"曝光"的作用是控制画面中亮暗之间中间调的部分。

饱和度

"饱和度"用于控制色彩的鲜艳程度。"饱和度"越低，颜色越淡，给人一种冰冷感，如图2-20所示。在给人物调色时要尽量提高"饱和度"，这样会让人物的气色看起来更红润，如图2-21所示。

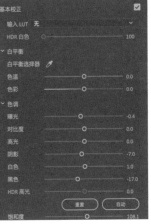

图2-20

图2-21

· 检查颜色是否准确

如果想知道校色操作是否准确，可以运用一个类似直方图的辅助工具。在菜单栏中执行"窗口＞Lumetri范围"菜单命令，可打开"Lumetri范围"面板，如图2-22所示。

在"Lumetri范围"面板中可以看到左边有0～100的标尺，如图2-23所示。这个参数代表画面的亮度，参数值越小画面越暗，参数值越大画面越亮，为0时最暗，为100时最亮。

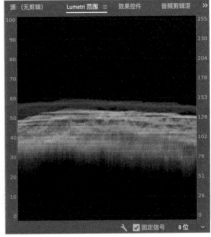

图2-22

图2-23

波形图突破0意味着画面出现了纯黑色，没有细节；突破100意味着画面出现了纯白色，也没有细节。这就要求在调整时尽量不要超出0～100这个范围。我们应先进行基础调节，以还原画面本来的色彩和曝光，如图2-24所示。

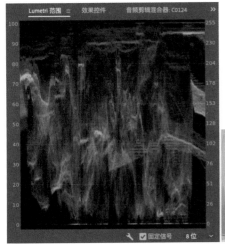

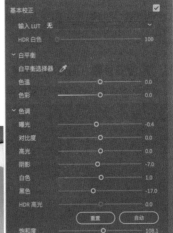

图2-24

2.2.4 二级调色

二级调色采取对单点颜色进行调节的方式，如让帽子更红、让天空更蓝。在"基本校正"面板中完成基础调节一级校色的部分，需要在"创意""曲线""色轮和匹配""HSL辅助""晕影"区域中进行二级调色。

· 创意

在"创意"区域中可以添加"Look"预设，还可以对预设的强度和画面进行调整，如图2-25所示。

Look

"Look"和滤镜类似，在加载第1个默认效果后会出现明显的风格变化，如图2-26所示。

强度

"强度"可以控制滤镜的效果，参数值越低滤镜效果就越不明显，参数值越高

图2-25

滤镜效果就越明显。在完成一级校色后，可以使用Premiere自带的"Look"，通过调节"强度"获得想要的颜色。设置"强度"为36后，视觉效果就没有最初那么强烈，得到一个令人舒适的效果，如图2-27所示。

图2-26   图2-27

> **技巧提示**
>
> 风格化调节的前提是做好色彩校正，在完成一级校色后再添加滤镜。如果没有做好色彩校正，那不论怎么使用预设和调节强度，依然会存在一些问题。

调整

淡化胶片： 可以使视频产生一种空气感或胶片感。通过降低画面对比度的方法，可以让视频呈现灰蒙蒙的状态。在少量使用时会增加一些"电影感"，设置"淡化胶片"为87.2时的效果如图2-28所示。

锐化： 针对对焦的画面进行调节，可以使画面更加锐利。增大"锐化"参数值会使焦内的画面更加清晰，虚化的部分则基本不受影响。设置"锐化"为100时视频中对焦部分的锐化效果很明显，虚化部分几乎没有变化，如图2-29所示。

图2-28   图2-29

一般不要将"锐化"设置得太高，否则人物轮廓过于明显，会造成失真，如图2-30所示。

图2-30

饱和度/自然饱和度：可以使画面变得鲜艳或暗淡。很多时候因为两项功能相似，所以在使用时容易被混淆或不知如何选择。"饱和度"作用于整个画面，增大其参数值会使画面中的所有颜色都变得更加鲜艳。"自然饱和度"更智能，增大其参数值会使画面中饱和度比较低的部分更鲜艳，而原本饱和度高的部分保持原样。

例如，在同一组素材中，设置"饱和度"为187.2后，画面所有的颜色都变得更加鲜艳，如图2-31所示；设置"自然饱和度"为81.4后，原本色彩鲜艳的部分几乎没有什么变化，如图2-32所示。

图2-31

图2-32

增大自然饱和度的参数值时，人的肤色不会受到太大的影响，即基本保持原样。

阴影色彩/高光色彩："阴影色彩"控制画面中较暗的部分，"高光色彩"控制画面中较亮的部分。在"阴影色彩"中选择偏蓝色的颜色，可以看到画面较暗的部分变得更蓝，较亮的部分蓝色变化不大，如图2-33所示；在"高光色彩"中选择偏黄色的颜色，可以看到画面中较亮的部分变得更黄了，而较暗的部分变化较小，如图2-34所示。

图2-33

图2-34

色彩平衡： 减小相应参数值则高光部分受到的颜色控制更明显，增大参数值则阴影部分受到的颜色控制更明显，如图2-35所示。

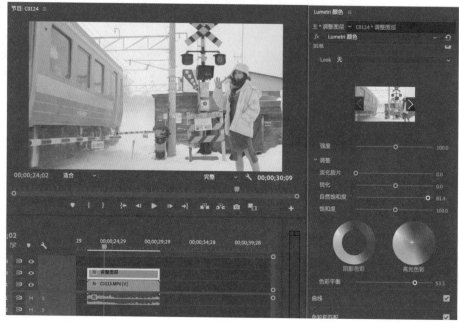

图2-35

· **曲线**

"曲线"分为"RGB曲线"与"色相饱和度曲线"，共有6个曲线可调整，如图2-36所示。

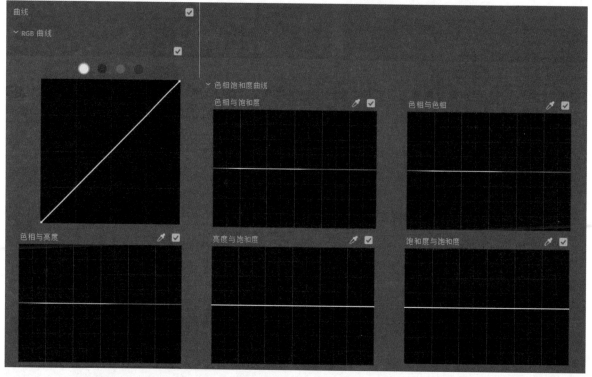

图2-36

RGB曲线

RGB曲线在调色中较为常用，曲线左侧是视频中的暗部、右侧是视频中的亮部，从左到右就代表着画面的最暗部、暗部、中间调、亮部和最亮部。所以将曲线向上拖曳时会让画面变亮，向下拖曳时会让画面变暗，如图2-37所示。

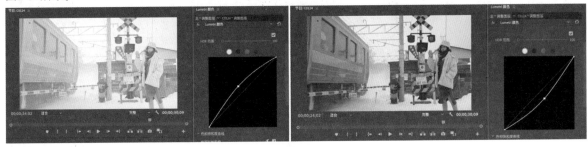

图2-37

"RGB曲线"中有3个通道，分别为红、绿、蓝。根据三原色原理，可以将每条曲线简单理解为红色通道向上拖曳时画面变红，向下拖曳时画面变青，如图2-38所示。

图2-38

绿色通道向上拖曳时画面变绿，向下拖曳时画面变洋红，如图2-39所示。

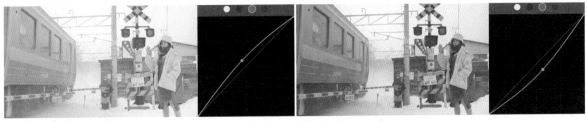

图2-39

蓝色通道向上拖曳时画面变蓝，向下拖曳时画面变黄，如图2-40所示。

图2-40

当要调整某个亮部的局部色彩时，可以通过建立锚点来完成。在曲线上单击会生成一个锚点，锚点相当于一个固定点，在拖曳曲线时可以保持锚点位置的参数不变。如果要调节某个区域的亮度或色彩，可以在其他位置多添加一些锚点以确保色彩不受影响，也可以拖曳锚点改变曲线的形状来实现想要的色调效果。通过锚点调整曲线可以明显看出只有局部变亮了，如图2-41所示。

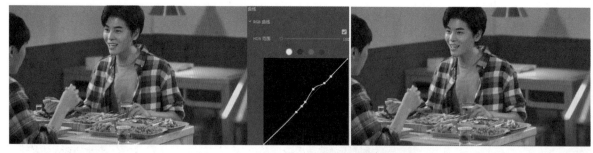

图2-41

　　通过锚点调整"红色"曲线可以明显看出只有墙上的红色区域和衣服的格子变红了，而人物的头发、眉毛等几乎没有变化，如图2-42所示。

图2-42

色相饱和度曲线

　　色相与饱和度：用于控制某个色相的饱和度。使用"吸管工具" 吸取列车车体上的绿色，可以看到曲线上出现了3个控制点，其中左右两个控制点之间是色相范围，包含的基本都是绿色，如图2-43所示。

图2-43

　　中间的控制点控制绿色色相的饱和度，将其向上拖曳时画面中的绿色饱和度上升，将其向下拖曳时画面中的绿色饱和度下降，如图2-44所示。

图2-44

　　色相与色相：使用"吸管工具" 吸取绿色，在该曲线上上下拖曳中间的点，改变的不是绿色的饱和度，而是色相。当选择中间的控制点时，会出现一条由红色到品红色的直线，拖曳该控制点，色相就会发生相应改变。同样选择列车车体上的绿色，向下拖曳中间的控制点后，画面中的绿色变为紫色，如图2-45所示。

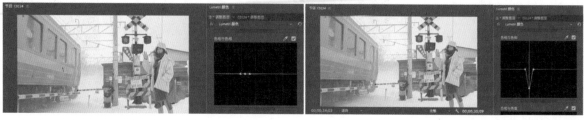

图2-45

　　色相与亮度：调整的是色相区间中的亮度。当单击中间的控制点时，会出现一条由亮到暗的直线，拖曳该控制点，会出现相应的亮暗程度变化。例如，向上拖曳中间的控制点，绿色的亮度会增加，向下拖曳中间的控制点，绿色的亮度会降低，如图2-46所示。

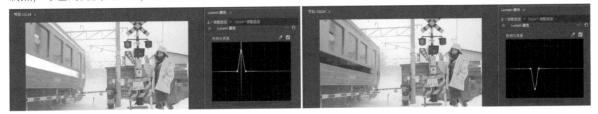

图2-46

亮度与饱和度： 在曲线上越靠近左侧亮度越低，越靠近右侧亮度越高。使用"吸管工具"吸取中间近似白色的天空或雪地的颜色，3个控制点就会靠右，吸取黑色的房屋或车轮的颜色，3个控制点就会靠左，如图2-47所示。吸取绿色区域的颜色，向上拖曳中间的控制点，画面中和绿色区域亮度相近的地方，饱和度就会增加，向下拖曳，饱和度就会降低，如图2-48所示。

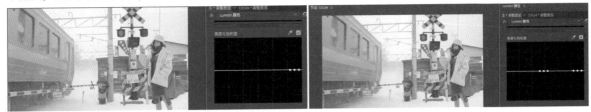

图2-47

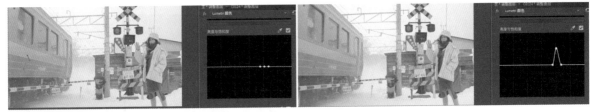

图2-48

饱和度与饱和度： 在曲线上越靠近左侧饱和度越低，越靠近右侧饱和度越高。使用"吸管工具"吸取绿色后，向上拖曳中间的控制点，画面中和绿色区域的饱和度相近的地方，饱和度会增加，向下拖曳，则饱和度会下降，如图2-49所示。

图2-49

45

· **色轮和匹配**

视频中的影像大致分为高光、阴影和中间调3个部分，"色轮和匹配"区域中把画面分成了高光、阴影和中间调3个部分，色轮旁的滑块用于控制亮度，如图2-50所示。

当增大"阴影"的值时，画面中较暗的部分变亮，减小"阴影"的值时，画面中较暗的部分变暗，如图2-51所示。增大"高光"的值时，画面中亮的部分变亮，减小"高光"的值时，画面中亮的部分变暗。

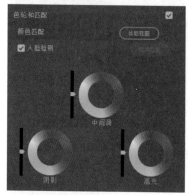

图2-50   图2-51

通过调整高光、阴影和中间调的色轮可以调整画面整体的色彩，这与"创意"面板中"色轮"的调整相似。

· **HSL辅助**

"HSL"中，H是色相，S是饱和度，L是亮度。"HSL辅助"区域中包含3部分功能，分别是"键""优化""更正"，如图2-52所示。

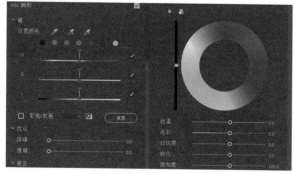

图2-52

键

"键"用于选择画面中的范围。当要调整某个部分的颜色时，可以用"键"进行选择。例如，选择绿色部分，吸取绿色后可以看到H、S和L这3个参数都发生了变化，设置每个参数时都可以看到被选中的位置出现了绿色，没有被选中的位置是灰色。

拖曳"H"滑块，可选择需要调节部分的色相范围，如图2-53所示。

拖曳"S"滑块，可选择需要调节部分的饱和度范围，如图2-54所示。

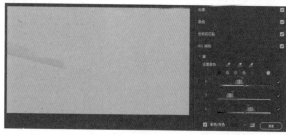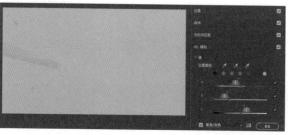

图2-53   图2-54

拖曳"L"滑块,可选择需要调节部分的亮度范围,如图2-55所示。

"键"功能是使用"优化"和"更正"功能的前提,只有用"键"功能选出特定的范围后,才能使用"优化"功能和"更正"功能进一步调节。

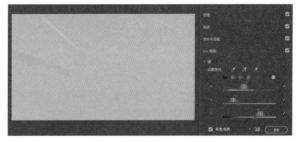

图2-55

优化/更正

通过对"键"的调整得到了一个颜色范围,接下来的调整就只会对选出的颜色范围产生效果。例如,在"更正"中拖曳色轮轮盘的滑块,可以看到画面中只有刚才被选中的车身的绿色部分发生了变化,如图2-56所示。

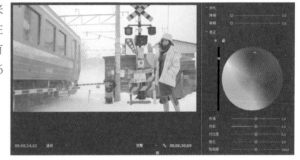

图2-56

· 晕影

数量: 减小该值时视频四周会增加黑边,增大该值时视频四周会增加白边,如图2-57所示。

图2-57

中点: 用于控制黑边和白边的聚拢程度,如图2-58所示。

圆度: 用于控制黑边和白边的形状,如图2-59所示。

羽化: 用于控制黑边和白边淡入、淡出效果的强度,如图2-60所示。

图2-58

图2-59

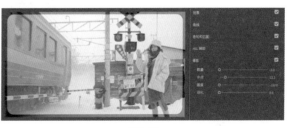

图2-60

2.3 快速调色

调节整体色调是确定影片风格的一个重要步骤，在这一步可以调出需要的风格，如赛博朋克风格和小清新风格等。

2.3.1 4种常见的调色风格

本小节将讲解小清新、莫兰迪、赛博朋克和青橙色调4种调色风格，如图2-61所示。

图2-61

· 小清新，简单易学特点突出

小清新是操作比较简单且容易得到效果，同时也比较常见的色调。这种色调风格经常在日本电影、电视剧或摄影作品中出现，因此也称为日系风格。摄影师滨田英明将这种色调在作品中展现得淋漓尽致，如图2-62所示。

从他的作品中，可以分析得出这类色调风格的特点——简洁、明亮、低对比度（看上去灰蒙蒙的）、色彩统一。根据小清新的这些特点，就可以为视频调色。

将素材拖曳到"时间轴"面板中，并在素材上方轨道中新建一个"调整图层"，如图2-63所示。注意调色需要在"调整图层"上进行。

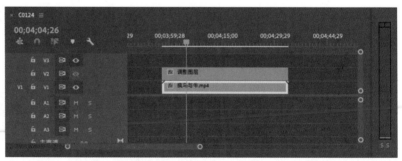

图2-62   图2-63

设置"曝光""高光""阴影"。在"Lumetri颜色"面板中找到"基本校正"，先增大"曝光"的值表现出小清新风格明亮的特点，然后减小"高光"和"白色"的值，增大"阴影"和"黑色"的值，以此来降低画面的对比度。当然也可以直接减小"对比度"的值，但是前者对画面高光、阴影的把握更加精准，如图2-64所示。

设置"RGB曲线"，通过曲线再次调整画面整体的亮度和对比度。从曲线中间取一个点，将上半段向左上方拉高，再次提亮画面。将曲线右上角向下拖曳，压低高光，将曲线左下角向上拖曳，提亮阴影，使画面亮度进一步统一，并且更明亮，如图2-65所示。

图2-64   图2-65

由于青绿色可以使视频效果变得更加清新，因此这里添加一些青绿色。找到"RGB曲线"中的红色，通过向下拖曳红色通道的曲线给画面添加一些青绿色，这样就实现了小清新色调风格的调色，如图2-66所示。

图2-66

· 莫兰迪，让色调变得高级又耐看

莫兰迪是一种"高级灰"的色调。因为这种色调的特点是基本上不会呈现太过抢眼的颜色，场景中的多数颜色都是中性偏灰的，所以又被称为"高级灰"色调。这种色调出自意大利著名画家乔治·莫兰迪，他在颜料中添加了白色或灰色，让作品色调失去了色彩原本的艳丽，如图2-67所示。可以看到他的画作中所有颜色都不鲜亮，好像蒙上了一层灰色，色系简单、统一，饱和度和鲜艳度都较低。

根据这样的色调特点，把素材拖曳到"时间轴"面板中进行调色。新建一个"调整图层"，注意所有操作都需要在其上进行，如图2-68所示。

图2-67   图2-68

设置"RGB曲线"。由于这种色调有些发灰，所以将曲线的左下角向上拖曳即可得到灰色。为了不影响高光和中间调，在曲线中添加几个锚点，保证整体光影正常，然后将曲线右上角的高光部分向下拖曳，这样画面就会给人"蒙一层灰"的感觉，如图2-69所示。

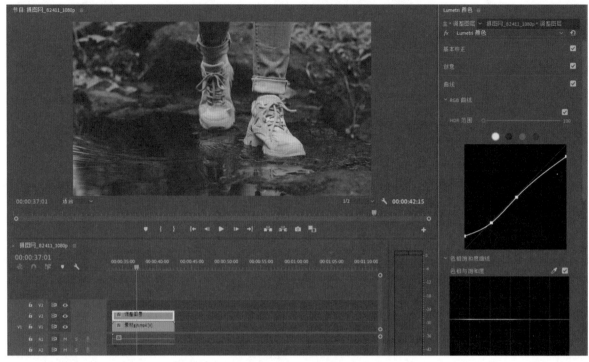

图2-69

在"色相与饱和度"曲线上进行调整。由于这种色调的色彩都不艳丽，所以使用"吸管工具"吸取色彩艳丽的地方。首先吸取绿叶的颜色降低其饱和度，如图2-70所示。然后依次吸取黄叶和蓝色牛仔裤的颜色，选取它们的色相范围，依次降低其饱和度，最终达到想要的效果，如图2-71和图2-72所示。

图2-70

图2-71

图2-72

回到"基本校正"区域中对"曝光""高光""阴影"进行整体调节。首先减小"高光"和"白色"的值，然后增大"阴影"和"黑色"的值，由此得到令人舒服的"高级灰"色调，这样就完成了整体调节，如图2-73所示。

图2-73

· 赛博朋克，风格鲜明适合夜景

赛博朋克是近年来流行的一种色调风格，其应用如电影《银翼杀手》和游戏《赛博朋克2077》。在图2-74所示赛博朋克风格的海报中可以看出其色调特点，一些激光元素会发生偏向品红色的颜色变化，同时暗部以青色和蓝色为主。这些是赛博朋克风格比较明显的特点，可根据这些特点为视频调色。

将素材拖曳到"时间轴"面板中并新建一个"调整图层"，在"调整图层"上进行所有操作，如图2-75所示。

图2-74

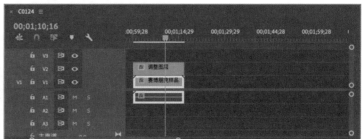

图2-75

对视频进行一级校色。这段素材颜色比较准确，不需要改变，但是画面有些发灰，对比度不够强，可以直接提高对比度，也可以通过提亮高光、降低阴影来去除画面中的灰色，如图2-76所示。

图2-76

可以提高画面的饱和度，让画面变得更艳丽，如图2-77所示。

图2-77

在"色相与饱和度曲线"区域中对画面中的单点颜色进行修改。由于赛博朋克风格中的激光元素偏向品红色，而素材闪光灯的部分偏向黄色，因此需要让画面中黄色闪光灯的部分偏向品红色。在"色相与色相"曲线中修改黄色部分的色相，先用"吸管工具" 🖊 吸取素材中黄色闪光灯的颜色，然后选择要修改色相的范围，将两侧的控制点向品红色方向拖曳，如图2-78所示。

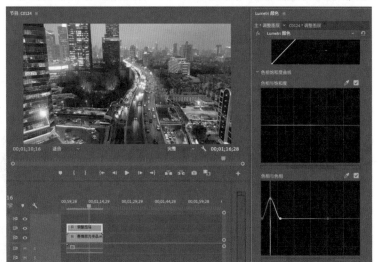

图2-78

这时可以发现素材颜色发生了明显的变化，素材其他发光部分的绿色和蓝色都比较亮，需要通过"色相与色相"曲线将它们向品红色方向偏移。调整完成后就得到了一个基础的赛博朋克色调，如图2-79所示。

图2-79

在得到大致效果后，对高光和阴影部分进行调节。由于该风格暗部一般以青色和蓝色为主，因此在"色轮和匹配"区域中将"阴影"的色轮向青蓝色方向偏移，如图2-80所示。将"高光"的色轮向品红色方向偏移，最终得到赛博朋克风格的色调，如图2-81所示。

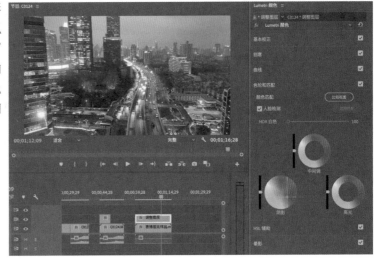

图2-80

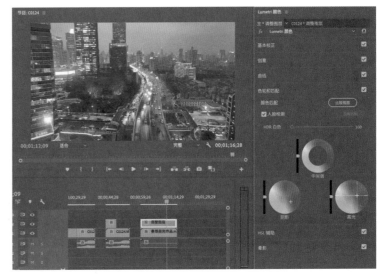

图2-81

- **青橙，常用的电影色调**

青橙色调在电影中经常被应用。因为青色和橙色是一组对比色，所以这种色调风格具有非常强的冲击力。同时橙色是接近人脸皮肤的颜色，因此青橙色调是一种比较常用、好用、经久不衰且具有电影感的色调，如图2-82所示。

图2-82

将素材导入"时间轴"面板中，然后新建一个"调整图层"，对原素材进行一级校色，设置正确的曝光、对比度和色调，如图2-83所示。

图2-83

在"色相饱和度曲线"区域中进行设置。因为需要使素材画面的主题颜色偏向青色与橙色，所以先在"色相与色相"曲线的红色到绿色之间添加锚点，使画面的颜色偏向橙色，然后在天空的蓝色范围内添加锚点，使它的颜色偏向青色，如图2-84所示。

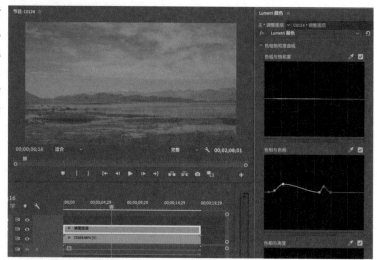

图2-84

这时青橙对比色初步显现出来，需要提高青色和橙色的饱和度，使这两种颜色的对比更强烈。然后在"色相与饱和度"曲线上找到青色和蓝色，用锚点确定范围，将青色和蓝色之间的锚点向上拖曳，如图2-85所示。

图2-85

这时青橙色调变得更加明显。接下来需要通过调整"RGB曲线"来提升画面的亮度，并稍微提升一些高光区域的亮度。在"RGB曲线"中用锚点拖曳出一个"S"形曲线，增加画面的对比度，如图2-86所示。

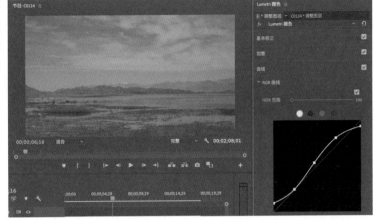

图2-86

在"色轮和匹配"区域中对色轮进行调整，为视频素材的高光部分添加一些橙色，最终得到青橙色调，如图2-87所示。

图2-87

2.3.2 调色的两种捷径

调色有两种捷径：使用"颜色匹配"快速调整颜色或快速统一素材风格，使用LUT快速进行多种风格化调色。

· 使用"颜色匹配"

将需要调色的视频素材导入"时间轴"面板中，如果想要将它的色调修改为参考电影或图片素材的色调，那么就将参考素材也拖曳到"时间轴"面板中，将参考素材置于左边、想要调色的素材置于右边，如图2-88所示。

图2-88

在"Lumetri颜色"面板中单击"色轮和匹配"中的"比较视图"按钮 比较视图，这时"节目"面板的左侧出现参考画面，右侧则出现当前视频素材的画面，如图2-89所示。

图2-89

这里要注意"节目"面板中参考素材的下方有一个进度条，可以拖曳进度条或在时间参数框输入时间，以确定要参考的画面，如图2-90所示。

图2-90

在确定好调色素材和参考素材后，单击"应用匹配"按钮 应用匹配 即可实现颜色的匹配，如图2-91所示。最终效果如图2-92所示。

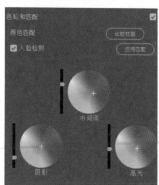

图2-91

图2-92

技巧提示

通过"颜色匹配"功能不仅可以快速得到对应的颜色，还可以实现色彩的统一。如果使用不同的设备拍摄一组素材，由于拍摄参数不同，因此最终成像的色彩可能会有差异，这时可以通过"颜色匹配"功能进行调整。

・ **使用LUT**

LUT是Look Up Table的缩写，其原理和添加调色滤镜图层类似，即叠加在其他色彩上，以达到快速调整色彩的目的。例如，通过相机制造商提供的LUT文件将Log颜色的视频转换为Rec709颜色（高清电视的国际标准），拍摄的Log视频就不再是灰蒙蒙的。拍摄Log模式的视频主要是为了获得更大的动态范围，使画面尽可能多地保留高光和阴影的信息。

LUT还有一个比较重要的作用，就是在视频剪辑软件中传递和共享调色操作，使得在调色软件中获取的效果能在视频剪辑软件中重现。

在Premiere中如何使用LUT进行调色呢？首先在"Lumetri颜色"面板的"基本校正"区域中找到"输入LUT"，如图2-93所示。"输入LUT"一般是指还原LUT，恢复视频本身的色彩，添加风格化的LUT是在二级调色中完成的。

在"创意"区域的"Look"下拉列表中可以看到很多Premiere自带的风格化LUT，选择"[自定义]"选项时可以添加下载的或自制的LUT文件，如图2-94所示。

图2-93

图2-94

实例：制作LUT

素材位置	素材文件＞CH02＞实例：制作LUT
实例位置	实例文件＞CH02＞实例：制作LUT
教学视频	实例：制作LUT.mp4
学习目标	学习自制LUT的方法

扫码看效果

下面通过专业的修图软件Photoshop制作LUT，最终效果对比如图2-95所示。

图2-95

01 导入"素材文件＞CH02＞实例：制作LUT"文件夹中的"39487.mp4"素材到"项目"面板中。拖曳素材到"时间轴"面板的V1轨道上，选择视频的第1帧或任意一帧，如图2-96所示。

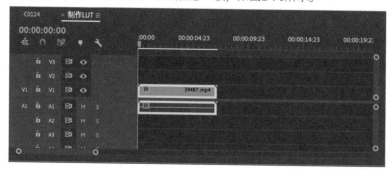

图2-96

02 单击"节目"面板下方的"导出帧"按钮 或按Ctrl＋Shift＋E组合键截取这一帧，如图2-97所示。在"导出帧"对话框中设置"名称"为"制作LUT"、"格式"为"JPEG"，如图2-98所示。

图2-97

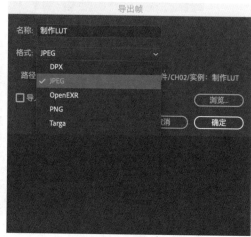

图2-98

03 在Photoshop中打开导出的"制作LUT"文件并对其进行调色处理。这里需要重点强调，只有在"调整"面板中调节才会实现最终要制作的LUT效果，如图2-99所示。

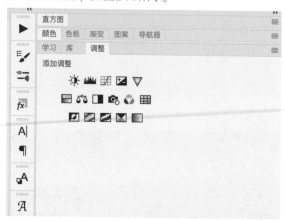

图2-99

04 "调整"面板中的每一个调整工具都可以视为一个"调整图层"，每一步调整都是为该视频添加一个图层。这里简单地添加几个"调整图层"，让其风格更明显，便于直观地查看效果，如图2-100～图2-102所示。

图2-100

图2-101

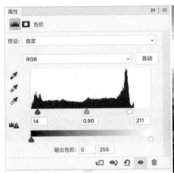

图2-102

05 在调整完所有颜色后，执行"文件>导出>颜色查找表"菜单命令，在弹出的"导出颜色查找表"对话框中设置"品质"为"高"，并将制作的LUT导入Premiere中使用，如图2-103所示。

图2-103

06 打开Premiere，在"颜色"面板的"创意"区域中设置"Look"为"[自定义]"，在弹出的对话框中选择新建的"制作LUT.lut"文件并导入，这样就套入了一个自制LUT，从而完成了视频调色，如图2-104所示。最终效果对比如图2-105所示。

图2-104

图2-105

第 **3** 章 热门短视频的诞生

■ **学习目的**

随着快手、抖音和微视等各类短视频平台的不断发展，短视频已经潜移默化地成了视频拍摄的主流，而且越来越多的人开始喜欢这种短、平、快且形式丰富的表达方式。那么如何通过拍摄、剪辑技术完成短视频的制作，并通过一些高超的技术让爆款短视频诞生于自己手中呢？本章将具体讲解制作热门短视频时需要用到的"十八般武艺"。

■ **主要内容**

· 拍摄短视频前对拍摄设备的设置   · 后期制作短视频炫酷的开场

· 各类炫酷的转场   · "踩点"让短视频流畅且动感

· 无缝转场使短视频让人眼前一亮   · 把控速度和节奏是制作爆款短视频的秘诀

3.1 短视频拍摄基础

在拍摄短视频之前，我们需要先掌握一些短视频拍摄基础，了解在手机和相机中如何设置拍摄参数才能达到理想的拍摄效果。

3.1.1 相机拍摄视频基础参数设置

近年来，随着单反和微单的更迭换代，相机已经成为视频拍摄较为专业的工具。很多人不是选择使用更专业的录像设备，而是利用相机进行视频的拍摄。所以，本小节先介绍使用单反或微单相机拍摄视频时需要进行的各种设置。

- **设置视频参数**

需要设置相机以下3个方面的视频拍摄参数。

拍摄尺寸。目前大部分相机可以录制4K影像，部分相机在录制1920像素×1080像素分辨率的影像时可以获得较高质量的画面，不仅能够满足大部分手机的播放需求，还可以节省存储空间。

帧速率。25fps代表每秒播放25张画面。传统电视播放的帧速率就是25fps，所以帧速率不低于25fps拍摄的视频才能流畅播放，而50fps和100fps会让视频更加流畅，适用于进行后期升格处理（升格指放慢视频播放速度），如图3-1所示。

图3-1

> **技巧提示**
>
> 需要注意的是，后期制作视频时设置的参数一定要和前期拍摄时所选择的参数相匹配。

视频制式。视频制式有PAL和NTSC两种。

- **调整快门、光圈、ISO和白平衡**

影响出片质量的设置包括且不限于快门、光圈、ISO和白平衡，因此针对不同的拍摄环境和需求，需要进行不同的设置。经过不断的尝试并拥有大量的拍摄经验后，我们就可以摸索、总结出一套自己的拍摄风格。

设置快门。拍摄视频时快门速度的参数值范围为1/30～1/125秒。快门速度应设置为帧速率的2倍，如果帧速率设置为25～30fps，那么快门速度应为1/60秒。拍摄视频时的快门速度和拍摄照片时的快门速度有一些区别，并不是快门速度越快拍摄的物体越清晰。如果把快门速度调整成1/60秒，则更适合拍摄运动物体，拍摄出的影像更自然，也更符合人的视觉感受。

设置光圈。拍摄视频和拍摄照片相同，都是光圈越大，进光量越足，景深越小，画面越亮，虚化效果也越好。通常来说，使用大光圈会把画面拍得很美，但是大光圈带来的景深会让人很难掌握拍摄的焦点，从而出现跑焦的问题。建议拍摄视频时将光圈设置为F4～F8，这样就不会出现跑焦或视频画面太暗的问题。

设置ISO（感光度）。当出现亮度不足的情况时，就需要调整ISO。ISO越高，亮度就越高，但同时噪点也越多，会牺牲部分视频画质。一般不宜设置太高的ISO，根据相机的具体属性和拍摄需求进行调整即可。

设置白平衡。在相机中设置白平衡是为了还原拍摄视频时的真实色彩，便于后期调色。白平衡有日光、阴影和阴天等模式，可以根据拍摄时的实际情况进行设置，也可以让相机自动设置。各种模式的对比如图3-2所示。

图3-2

3.1.2 手机拍摄视频设置

　　如今手机的录像功能越发强大，虽然总体上不如专业设备，但由于手机具有方便携带、操作简单等特性，使用手机拍摄短视频已经成为当下视频创作的主流。本小节将具体介绍使用手机拍摄视频时如何调节参数。

　　设置视频分辨率。可以将分辨率看作视频的清晰度，一般手机设置为720P、1080P和4K等。建议选择较为清晰的4K，一方面是因为目前的主流平台支持上传4K分辨率的视频，让观众能够获得更清晰、舒适、流畅的体验。另一方面是因为4K的素材质量是1080P的4倍，获得4K素材后方便后期裁剪和二次构图，即处理后依然能够得到比较清晰的素材。视频分辨率为720P和1080P的效果对比如图3-3所示。

图3-3

　　使用不同分辨率分别拍摄的2秒的视频，其文件大小也有明显的差别，720P分辨率的视频文件只有2.20MB大小，1080P分辨率的视频文件为9.62MB大小，4K分辨率的视频文件则为22.18MB大小，如图3-4所示。

video_20211024 _143126.mp4 ▶	video_20211024 _143055.mp4 ▶	video_20211024 _143027.mp4 ▶
2.20MB / 已发送	9.62MB / 已发送	22.18MB / 已发送

图3-4

　　设置视频帧速率。帧速率可设为自动、30fps和60fps，一般选择60fps，这样就方便在后期对视频进行升格处理，如图3-5所示。在后期剪辑进行变速处理时，将60fps的素材设置为24fps依旧会流畅，而低帧速率素材进行升格处理时视频会出现卡顿的情况。

　　设置视频编码格式。一般选择兼容性更高的H.264视频编码格式，虽然H.265有着更高的视频压缩率，可以有效控制视频大小、节约空间，但是可能会出现设备不能解码的情况，如图3-6所示。

> **技巧提示**
>
> 　　如果手机有视频防抖功能，在拍摄时一定要开启该功能，特别是在没有云台的情况下，虽然这样会降低拍摄质量，但是能保证拍摄画面稳定。

图3-5　　　　　　　　　　　　图3-6

· 辅助拍摄设置

　　完成基本设置后，一些手机还可以在前期添加滤镜，这需要根据创作风格与喜好进行选择，部分滤镜效果如图3-7所示。如果后期需要自行调色就不需要选择滤镜，而可以使用美颜功能根据自己的喜好来进行调节。

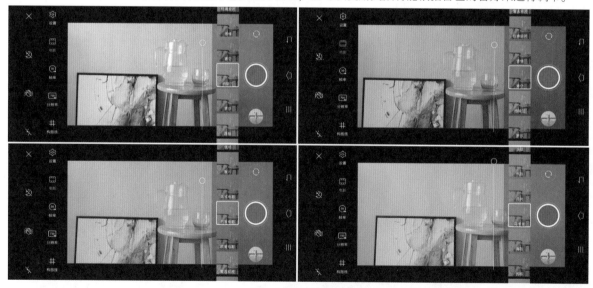

图3-7

　　电影模式：可以模仿电影的宽屏效果，出现上下两条黑边，如图3-8所示。拍摄者可以根据需要自行选择是否使用。最好是后期自行添加，这样原始素材就可以为创作提供更多的可能性。

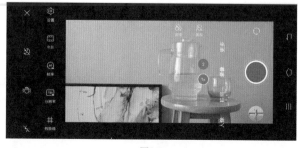

图3-8

参考线： 九宫格线可以辅助拍摄者进行构图。没有熟练掌握构图技巧的拍摄者可以开启该功能，以提高出片效率，如图3-9所示。

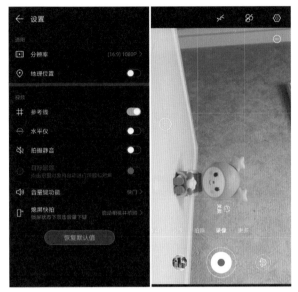

图3-9

· 对焦拍摄物

在使用手机拍摄前，需要对焦到被拍摄的物体或人物上，在屏幕上点击需要对焦的物体和人物即可实现对焦。通常拍摄时要进行手动对焦，这样才能确保被拍摄的主体是清晰的。

在使用手机拍摄视频时会出现屏幕忽亮忽暗的情况，这可能是在拍摄时走动或物体运动导致的不稳定。将手机对准拍摄目标并按住屏幕就能锁定对焦点和曝光，这样对焦点和曝光就不会发生变化，如图3-10所示。

如果想让拍摄目标变亮，可以在锁定对焦点后向上拖曳滑块增加曝光，如果想让拍摄目标变暗，则可以向下拖曳滑块减小，如图3-11所示。

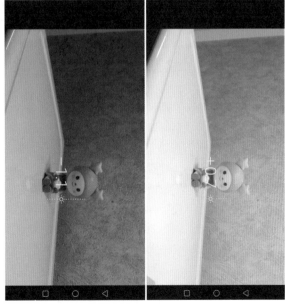

图3-10   图3-11

・ 使用手机拍摄短视频的优势

　　随着手机的功能越来越强大，智能手机的普及率越来越高，手机逐渐成了拍摄短视频的主流工具。即使手机拍摄的视频在画质、像素等方面和相机有明显的差距，也不能掩盖它的优势。

　　可以使用竖屏拍摄。随着手机的普及，越来越多的视觉内容开始适应小尺寸竖屏显示，视频内容也不例外，如图3-12所示。因为竖屏更适合移动设备、手机进行记录和观看，所以越来越多的视频是通过竖屏拍摄的。使用手机拍摄竖屏短视频与使用相机拍摄横屏短视频的方法有所区别，如果读者能掌握本小节介绍的拍摄小技巧，那么制作出的短视频会更加出众。

图3-12

技术专题：拍摄竖屏视频

　　使用手机拍摄竖屏视频时增加了纵轴的信息，减少了横轴的信息，同时也减少了横轴带来的环境氛围干扰，更容易突出被拍摄的主体，所以更适合交代背景环境和记录主体，如图3-13所示。因此在进行竖屏拍摄时一定要找到合适的主体加以强调，并多通过摇镜头来交代背景和环境，如图3-14所示。

　　如果拍摄时能找到有纵深感的环境，那么就可以充分展现纵向活动空间，从而更加突出竖屏的纵深效果，如图3-15所示。

| 图3-13 | 图3-14 | 图3-15 |

　　可以直接拍摄延时摄影。选择"延时摄影"拍摄模式，一键操作比相机方便很多，这也是手机拍摄的一个重要优势，如图3-16所示。在拍摄延时摄影时，除了需要注意构图外，还需要注意拍摄的对象必须具备延时效果，如人来人往的街道、车流、日出日落和云卷云舒等。

　　拥有丰富配件。尽管手机相对于相机在镜头上过于局限，但是近年来手机配件越来越多，可以通过购买附加镜头让手机拍摄长焦、微距和广角画面，也可以通过购买手机稳定器来保证画面稳定，获得更好的拍摄效果。当然如今很多手机厂商在研发手机时也推出了4摄镜头、120倍变焦和超稳防抖等强大功能，让我们在视频创作中更加得心应手。

　　便携性和多功能化。使用手机拍摄的最大优势就是便携性和多功能化。由于手机体积小、重量轻，我们可以随身携带多部手机，搭配充电宝还可以做到拍摄和充

图3-16

电同时进行。拍摄成功后还可以一键剪辑、添加效果和套用蒙版等，做到即拍即发。利用手机拍摄可以得到利用相机拍摄无法实现的创意视角，如手机仰拍角度可以非常大、可以将手机放在较低的位置运动环绕仰拍，甚至可以直接将手机平放在地面仰拍人从手机上跨过的镜头。

· **横屏转换为竖屏**

随着短视频平台的火爆，越来越多的视频为了迎合手机的观看体验已经将传统的横屏转换成竖屏。如果既想保留横屏拍摄的丰富性又想迎合竖屏的使用潮流，就需要将横屏视频向竖屏视频转换。本小节将讲解5种转换的方法。

方法1： 利用剪辑软件中自动重构序列的功能实现横屏向竖屏的转换。首先在Premiere中打开需要修改比例的视频素材，然后执行"序列＞自动重构序列"菜单命令，接着在"自动重构序列"对话框中设置"长宽比"为"垂直9∶16"，将横屏转换为竖屏。Premiere在转换的过程中会自动对视频进行构图，尽量做到不丢失画面中的重要信息，如图3-17所示。

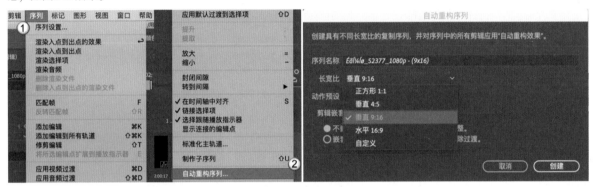

图3-17

方法2： 新建一个1920像素×3840像素的序列，然后旋转视频并置入。这种竖版视频其实就是对拍摄的横向视频进行旋转，所以这里设置了一个更大的竖向视频像素，目的是能装下原来的视频。这种方法只是为了迎合很多竖屏视频平台的规则，操作比较简单，但并不是真正意义上的转换。

方法3： 直接把横屏画面裁剪为竖屏画面的。由于每个镜头中被摄主体的位置不一样，因此要对每个镜头进行重新构图，把主体放在核心位置。

方法4： 缩小视频，在视频背景上添加模糊的照片或视频。这种转换方法比较常见，缺点是浪费了大面积的画面空间。

方法5： 结合剪裁和重新构图将横屏转换为竖屏。注意在上方和下方留下一些空间，用于添加字幕等额外信息。

3.2 制作炫酷转场

巧妙的转场会让视频看起来更加炫酷、富有技术感，本节将介绍各种"花哨"的转场技术。

3.2.1 炫酷转场的核心：关键帧

在了解关键帧前，我们应该先明白帧的概念。视频一般是由一秒钟内包含的多张静态图片组合成的，其中的一张图片就叫作一帧。关键帧从字面上理解就是视频中比较关键的帧，即生成效果的两个或两个以上的关键点。当我们标记第1个关键帧时软件记录了设置的效果，再添加关键帧记录第2个效果，在两个关键帧之间的素材会自动演化。

实例：制作放大效果

素材位置	素材文件＞CH03＞实例：制作放大效果
实例位置	实例文件＞CH03＞实例：制作放大效果
教学视频	实例：制作放大效果.mp4
学习目标	学习放大的方法

扫码看效果

在一段蜜蜂采蜜的视频素材中，如果要在视频的后半段逐渐将蜜蜂放大，使其占据画面的主要部分，就可以利用关键帧来实现，最终效果如图3-18所示。

图3-18

01 将"素材文件＞CH03＞实例：制作放大效果"文件夹中的"C0077.MP4"素材导入"时间轴"面板中。在"编辑"面板中找到"效果控件"面板，选中导入的素材后就可以看到"效果控件"面板中有"位置""缩放""旋转"等属性，如图3-19所示。

02 各属性的左侧有"切换动画"按钮，单击该按钮后素材上会出现关键帧图案，代表添加的关键帧，如图3-20所示。剪辑视频时在需要放大的位置添加关键帧即可，添加关键帧的时间点就是开始放大的时间点。

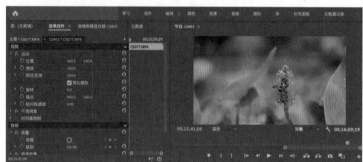

图3-19　　　　　　　　　图3-20

03 继续播放视频或直接向后拖曳时间线，找到对画面进行放大的位置并设置"缩放"为"200.0"。可以在参数值上按住鼠标左键并左右拖曳，也可以单击参数值框直接输入想要的参数值，如图3-21所示。

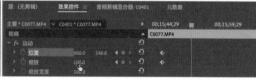

图3-21

04 在时间线中可以看到出现的新的关键帧，此时再对"位置"进行调整，如图3-22所示。这样就完成了在两个关键帧之间画面逐步放大效果的制作，如图3-23所示。

图3-22

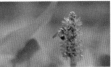

图3-23

3.2.2 基础效果制作

学会了关键帧的用法，就可以演变出各种炫酷的转场效果。

实例：制作拉镜效果

素材位置	素材文件＞CH03＞实例：制作拉镜效果
实例位置	实例文件＞CH03＞实例：制作拉镜效果
教学视频	实例：制作拉镜效果.mp4
学习目标	学习制作拉镜效果的方法

扫 码 看 效 果

拉镜效果是短视频中较为常用的一种转场效果，多用于"卡点"视频中，使前后两段视频实现过渡转场，最终效果如图3-24所示。

图3-24

01 将"素材文件＞CH03＞实例：制作拉镜效果"文件夹中的"C0071.MP4"和"C0077.MP4"两段素材导入"项目"面板并拖曳到"时间轴"面板中。新建一个"调整图层"并将其放置在上方轨道两段素材的衔接处，同时左右两段各保留20帧，如图3-25所示。然后使用"剃刀工具" 将其从中间分开。

图3-25

02 因为制作的拉镜效果是动态的，所以需要用到原画面之外的素材，但是当我们移动素材时，画面外部就会出现黑色部分，如图3-26所示。因此，在制作拉镜效果前要进行画面填充。在"效果"面板中找到"变换"效果并将其拖曳到第1个"调整图层"上，如图3-27所示。

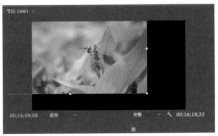

图3-26

图3-27

03 设置"变换"效果的"缩放"为"50.0",此时可以看到素材的四周出现了黑色边框,如图3-28所示。要想填充黑色部分,我们还需要在视频的四周都设置镜像。在"效果"面板中找到"镜像"效果后添加4个"镜像"到第1个"调整图层"上,如图3-29所示。

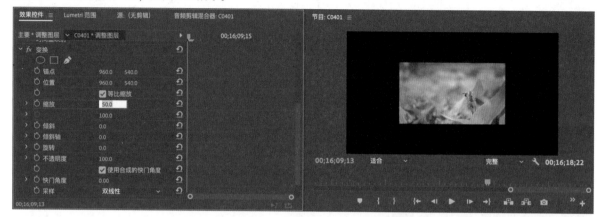

图3-28

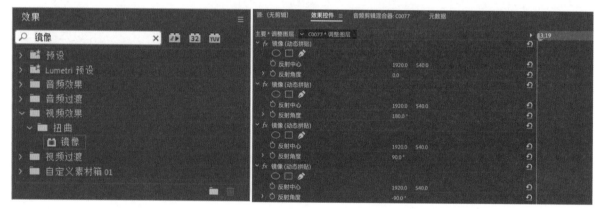

图3-29

04 将第1个"镜像"效果的"反射中心"的x轴的参数值向左拖曳,这时视频右边的黑色部分就会被填充,当填充的部分与原始素材重合时即可停止拖曳,如图3-30所示。在第2个"镜像"效果中设置"反射角度"为"180.0°",将"反射中心"的x轴的参数值向左拖曳,直到填充的部分与原视频重合。

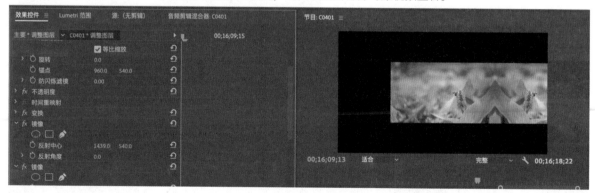

图3-30

05 在第3个"镜像"效果中设置"反射角度"为"90.0°",将"反射中心"的y轴的参数值向右拖曳,直到填充的部分与原视频重合。在第4个"镜像"中设置"反射角度"为"-90.0°",将"反射中心"的y轴的参数值向右拖曳,直到填充的部分与原视频重合。这时可以看到画面原本黑色的部分被全部填充,如图3-31所示。

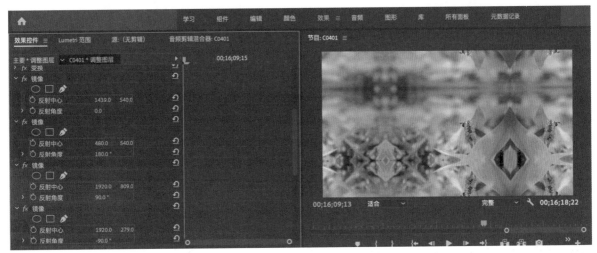

图3-31

06 在第1个"调整图层"上再添加一个"变换"效果，设置"缩放"为"200.0"，如图3-32所示。此时画面变回最开始的样子，效果如图3-33所示。

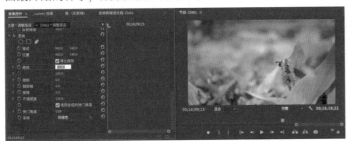

图3-32

图3-33

技术专题：保存动态拼贴预设

此时，我们已经做好了制作拉镜的准备工作。由于每次制作拉镜之前都需要进行这些操作，因此我们可以为这些步骤建立一个预设。

选择"效果控件"面板中的所有效果，单击鼠标右键并执行"保存预设"菜单命令，在弹出的"保存预设"对话框中设置"名称"为"动态拼贴"，如图3-34所示。这样下次在制作拉镜时可以直接使用预设，如图3-35所示。

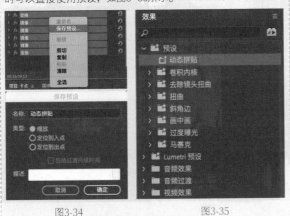

图3-34　　　　图3-35

07 在"动态拼贴"的基础上可以制作上、下、左、右各个方向的拉镜效果。在第1个"调整图层"上已经完成了调整并建立了预设，这时可以把"动态拼贴"预设直接拖曳到第2个"调整图层"上，如图3-36所示。

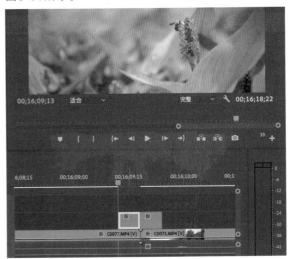

图3-36

08 制作一个向右拉镜的效果。向右拉镜就是让第1段素材的中心向右运动到画面的最右边，第2段素材的左边部分向右运动到画面的中心。在第1段素材上方的调整图层的"变换"效果中单击"位置"左侧的"切换动画"按钮，在"调整图层"的最后设置"位置"的x轴的参数值为"1918.0"，添加第2个关键帧，让画面左侧贴近边缘位置，如图3-37所示。此时播放视频素材可以发现，画面中心的蜜蜂快速地向右运动，如图3-38所示。

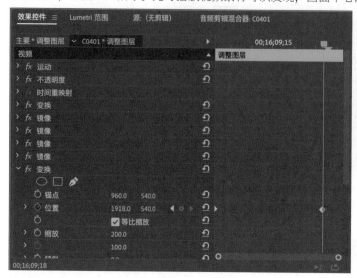

图3-37

图3-38

09 这时已经完成了基本的拉镜效果。为了让拉镜效果更加流畅和自然，可以为关键帧添加"缓入"和"缓出"效果。选择两个关键帧，单击鼠标右键并执行"临时插值＞缓入"菜单命令，可以看到关键帧前后出现了缓入的效果曲线，如图3-39所示。

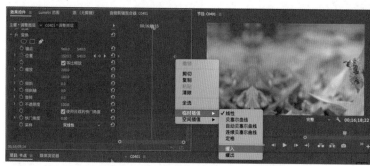
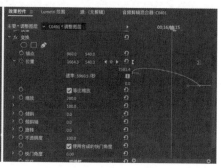

图3-39

10 为了让画面更加流畅，需要延长前方锚点的操控杆、缩短后方锚点的操纵杆。此时可以看到曲线出现了一个峰值，意味着效果变换的过程是缓慢进入后突然加快，接着在下一段素材中变为由特别快到缓慢，如图3-40所示。

11 由于拉镜是一个速度非常快的过程，因此添加动态模糊可以让效果更自然。取消勾选"使用合成的快门角度"复选框，设置"快门角度"为0°～360°，参数值越大则动态模糊越明显，如图3-41所示。至此第1段素材的拉镜就制作完成了，预览效果可以看到素材的中心向右移动，如图3-42所示。

图3-41

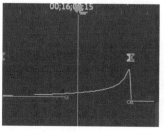

图3-40

图3-42

12 为了保证动作的完整性，第2段素材需要从画面左边移动到画面中心。这里将"动态拼贴"预设拖曳到第2个"调整图层"上，如图3-43所示。

13 在第2个"调整图层"的第1帧处，单击最后1个"变换"效果"位置"左侧的"切换动画"按钮█添加关键帧并设置x轴的参数值为"10.0"。在该"调整图层"的最后1帧处，单击"重置参数"按钮█完成画面从左边到中心的移动，如图3-44所示。

图3-43

图3-44

14 为第2段拉镜添加"缓入和缓出"效果。由于第1段拉镜是由缓慢到快速的过程，因此第2段拉镜需要设置由快速到缓慢的过程，才能与第1段拉镜顺滑地组接。缩短前方锚点的操控杆，延长后方锚点的操纵杆，如图3-45所示。

图3-45

15 取消勾选"使用合成的快门角度"复选框，增加一些模糊的感觉，设置"快门角度"为"200.00"，如图3-46所示。快门角度越大，运动的模糊感就越强。这样就完成了由左向右的一套拉镜效果的制作，如图3-47所示。拉镜效果的制作原理是相通的，制作其他方向的拉镜效果也可以参照此方法。

图3-46

图3-47

实例：制作缩放扭曲效果

素材位置	素材文件＞CH03＞实例：制作缩放扭曲效果
实例位置	实例文件＞CH03＞实例：制作缩放扭曲效果
教学视频	实例：制作缩放扭曲效果.mp4
学习目标	学习制作缩放扭曲效果

扫码看效果

可以结合使用"缩放"和"扭曲"制作转场，最终效果如图3-48所示。

图3-48

01 将"素材文件＞CH03＞实例：制作缩放扭曲效果"文件夹中的"C0136.MP4"和"C0138.MP4"两段素材导入"项目"面板并拖曳到"时间轴"面板中。在"项目"面板的空白处单击鼠标右键并执行"新建项目＞调整图层"菜单命令，新建一个"调整图层"，如图3-49所示。

图3-49

02 将"调整图层"拖曳到素材衔接处的轨道上方，调整"调整图层"的长短，删除多余的部分保留5帧即可。在两段素材衔接处使用"剃刀工具" 将"调整图层"分为两部分，如图3-50所示。

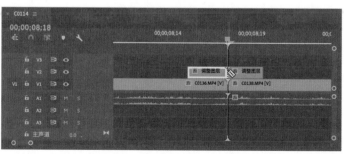

图3-50

03 在"效果"面板中将上一个实例保存的"动态拼贴"预设分别拖曳到两个"调整图层"上,如图3-51所示。

04 在"变换(动态拼贴)"中,单击"缩放"左侧的"切换动画"按钮添加关键帧,将时间线向后拖曳到第1个"调整图层"的最后一帧处,设置"缩放"为"300.0",如图3-52所示。

图3-51

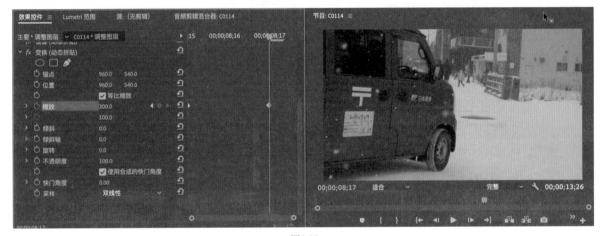

图3-52

05 选择两个关键帧后单击鼠标右键,执行"缓入"和"缓出"菜单命令,如图3-53所示。添加效果后的关键帧曲线由直线变成了弧线,如图3-54所示。

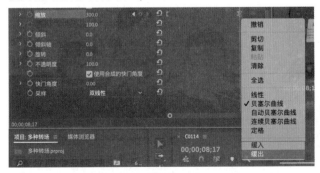

图3-53

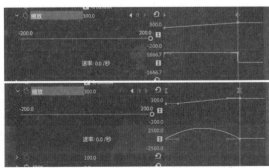

图3-54

06 延长前方锚点的操控杆，缩短后方锚点的操控杆，实现由缓至急的速度变换效果，如图3-55所示。在"效果控件"面板中取消勾选"使用合成的快门角度"复选框，设置"快门角度"为"200.00"，如图3-56所示。参数值越大，镜头越模糊。

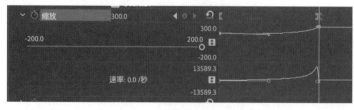

图3-55　　　　　　　　　　　　　　　　　　　　　　图3-56

07 在第2个"调整图层"上进行与之前相反的操作。将"动态拼贴"预设拖曳到第2个"调整图层"上，在"变换"效果中单击"缩放"左侧的"切换动画"按钮为"调整图层"的第1帧添加关键帧，设置"缩放"为"300.0"，如图3-57所示。

08 在第2个"调整图层"的最后一帧处设置"缩放"为"200.0"，如图3-58所示。因为"动态拼贴"预设中已经进行了变换，变换后"缩放"为200是还原为初始大小，所以在这一步调整时也需要将大小还原为200。

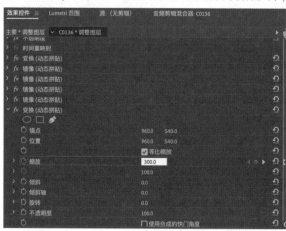
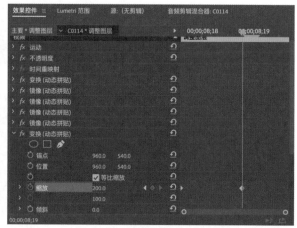

图3-57　　　　　　　　　　　　　　　　　　　　　　图3-58

09 为两个关键帧添加"缓入"和"缓出"效果，这里需要进行与第1段相反的设置。缩短前方锚点的操控杆，延长后方锚点的操控杆，如图3-59所示。

10 为效果添加模糊感。取消勾选"使用合成的快门角度"复选框，设置"快门角度"为"200.00"，如图3-60所示。将第2个关键帧添加到"调整图层"的最后一帧处就完成了缩放扭曲效果的制作，如图3-61所示。

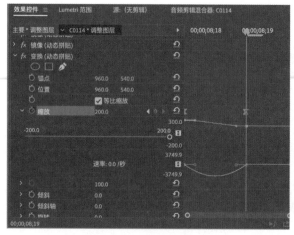
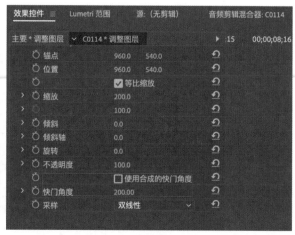

图3-59　　　　　　　　　　　　　　　　　　　　　　图3-60

图3-61

实例：制作旋转效果

素材位置　素材文件＞CH03＞实例：制作旋转效果
实例位置　实例文件＞CH03＞实例：制作旋转效果
教学视频　实例：制作旋转效果.mp4
学习目标　学习制作旋转效果

扫 码 看 效 果

可以通过设置"旋转"属性制作镜头翻转的转场效果，最终效果如图3-62所示。

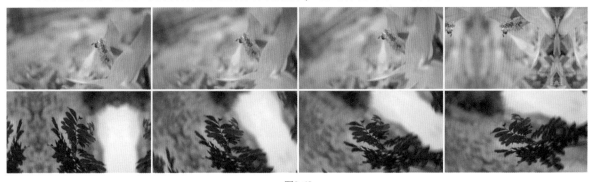

图3-62

01 将"素材文件＞CH03＞实例：制作旋转效果"文件夹中的"C0077.MP4"和"C0027.MP4"两段素材导入"项目"面板并拖曳到"时间轴"面板中。新建一个"调整图层"，将"动态拼贴"预设拖曳到"调整图层"上，使用"剃刀工具" 将"调整图层"在素材衔接处分为两个部分，如图3-63所示。

图3-63

02 在"效果控件"面板中找到"变换"效果，在第1个"调整图层"的第1帧处单击"旋转"左侧的"切换动画"按钮 ▢ 添加关键帧。将时间线拖曳到最后，设置"旋转"为"－90.0°"，制作顺时针旋转效果，如图3-64所示。

03 选择两个关键帧并单击鼠标右键添加"缓入"和"缓出"效果，设置曲线为先缓后急，取消勾选"使用合成的快门角度"复选框并设置"快门角度"为"200.00"，增加一些模糊感，如图3-65所示。

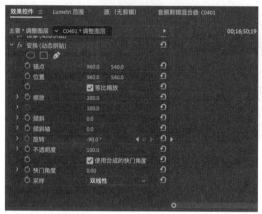

图3-64

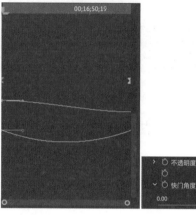

图3-65

04 使用相同的方法设置第2个"调整图层"，只不过这里设置"旋转"的第1个关键帧为"90.0°"、最后1个关键帧为"0.0"，如图3-66所示。

图3-66

技巧提示

由于"旋转"为0°时视频画面是正向的，因此可以在最后一帧让画面稍微倾斜一点，这样在观感上会更舒服。摄影者可以根据个人喜好设置"旋转"为-10°～0°，给视频增加一点倾斜感，如图3-67所示。

图3-67

05 为"旋转"效果添加"缓入"和"缓出"效果，取消勾选"使用合成的快门角度"复选框，设置"快门角度"为"200.00"，添加模糊效果，如图3-68所示。最终效果如图3-69所示。

图3-68

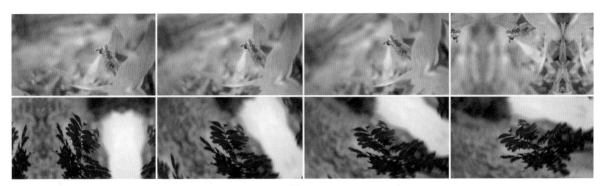

图3-69

实例：制作渐变擦除效果

素材位置	素材文件＞CH03＞实例：制作渐变擦除效果
实例位置	实例文件＞CH03＞实例：制作渐变擦除效果
教学视频	实例：制作渐变擦除效果.mp4
学习目标	利用"渐变擦除"效果制作转场

扫 码 看 效 果

　　"渐变擦除"是一种比较简单却又炫酷的效果，它是基于关键帧的使用而实现的。本实例将具体讲解如何利用"渐变擦除"效果制作转场，最终效果如图3-70所示。

图3-70

01 将"素材文件＞CH03＞实例：制作渐变擦除效果"文件夹中的"C0137.MP4"和"C0114.MP4"两段素材导入"项目"面板中，并分别拖曳到"时间轴"面板的不同轨道上，实现首尾相连，如图3-71所示。

02 在距离第1段素材末尾20帧的位置，使用"剃刀工具"将其分割。在"效果"面板中搜索"渐变擦除"效果并将其拖曳到剪辑出的小段素材上，如图3-72所示。

图3-71

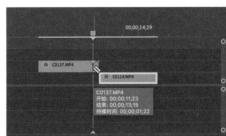

图3-72

79

03 在"效果控件"面板中找到"渐变擦除"效果，在该段素材的第1帧处单击"过渡完成"左侧的"切换动画"按钮■添加关键帧，并设置"过渡完成"为"0%"。将时间线拖曳到素材的最后1帧，设置"过渡完成"为"100%"，如图3-73所示。

图3-73

04 将第2段素材向前移动至与第1段素材的切割处对齐，这样一个基本的渐变擦除效果就完成了，如图3-74所示。

05 通过预览看到目前的过渡比较突兀，需要根据实际情况来设置"过渡柔和度"让过渡变得柔和。这里设置"过渡柔和度"为"25%"，如图3-75所示。最终效果如图3-76所示。

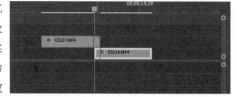

图3-74

图3-75

图3-76

3.3 制作无缝转场

无缝转场是一种高级转场，能让观众的观看体验更流畅和顺滑。

3.3.1 蒙版和遮罩

目前视频领域中的无缝转场有很多种，但最常用的是通过蒙版遮罩剪辑完成的无缝转场。蒙版可以简单理解为挡在视频上的板子。在"效果控件"面板中展开"不透明度"效果，使用"创建椭圆形蒙版"工具■、"创建4点多边形蒙版"工具■和"自由绘制贝塞尔曲线"工具■来绘制蒙版，如图3-77所示。

图3-77

这里以"创建4点多边形蒙版"工具■为例介绍创建蒙版的方法。选择该工具，单击视频后会出现一个矩形框，选框内的部分称为"选区"，选框外的部分称为"蒙版"，如图3-78所示。在"效果控件"面板中的"蒙版"下方勾选"已反转"复选框后可以反转蒙版区域，如图3-79所示。

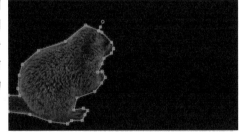

图3-78

图3-79

用鼠标拖曳锚点可以具体控制蒙版的大小、形状等，还可以添加锚点。通过对锚点的控制将旱獭绘制在选区内，如图3-80所示。在了解了蒙版与遮罩后，就可以利用它们完成无缝转场的制作。无缝转场是在两段素材中间的片段上绘制遮罩，利用上一片段中的人或物对镜头进行遮挡，无缝转到下一片段。一般会使用柱子、墙和门等物体，通过拍摄时的运镜让它们在画面中运动以实现遮挡；也会使用固定镜头，让遮挡物运动以实现遮挡，如运动的汽车、来往的行人等。

图3-80

实例：制作无缝转场

素材位置	素材文件＞CH03＞实例：制作无缝转场
实例位置	实例文件＞CH03＞实例：制作无缝转场
教学视频	实例：制作无缝转场.mp4
学习目标	学习蒙版

扫码看效果

可以在旅行时多拍摄几个能作为无缝转场的画面，进行后期剪辑。本实例用难度较高的行人制作无缝转场，如果能掌握该无缝转场的制作方法，就能做出其他无缝转场，最终效果如图3-81所示。

图3-81

01 将"素材文件＞CH03＞实例：制作无缝转场"文件夹中的"9A5288.MOV"和"9A5272.MOV"两段素材导入"项目"面板中，第1段素材是在街道上随意拍摄到的画面，此时恰好有行人在镜头中经过，第2段素材是街头建筑和一只飞过的鸟，如图3-82所示。

图3-82

02 由于要将镜头前走过的人物作为遮挡物，因此需要将转场后的视频放在V1轨上、转场前的视频放在V2轨上。选择第1段视频并找到视频画面中的遮挡物，也就是画面中走过的人，在00:00:03:04处可以看到人物刚刚走入镜头，将这一帧作为初始帧，如图3-83所示。

03 在"效果控件"面板中展开"不透明度"效果，选择"自由绘制贝塞尔曲线"工具 ，在画面中多次单击以勾勒出作为遮挡物的人物走过的部分，如图3-84所示。

> **技巧提示**
>
> 在绘制视频边缘蒙版时，如果不需要边缘处的内容，可以直接将锚点放置于画面外部，这样就不会影响到蒙版的制作，还可以加快绘制速度。

图3-83

图3-84

04 勾选"已反转"复选框，保留第1段视频中人物未走过的部分，单击"蒙版路径"左侧的"切换动画"按钮 添加关键帧，完成第1帧的绘制，如图3-85所示。

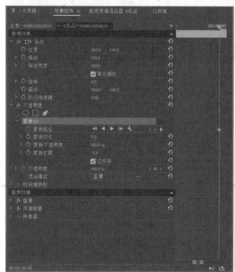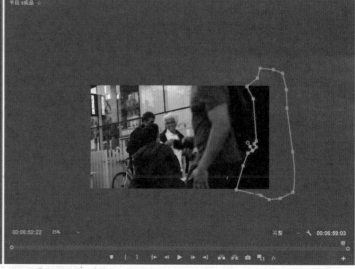

图3-85

05 围绕人物运动的方向逐帧添加关键帧直到人物消失，将人物运动后出现的画面全部绘制出蒙版并添加关键帧。这样可以使遮罩时刻通过关键帧在画面中移动，制作的效果会更精致一些，如图3-86所示。

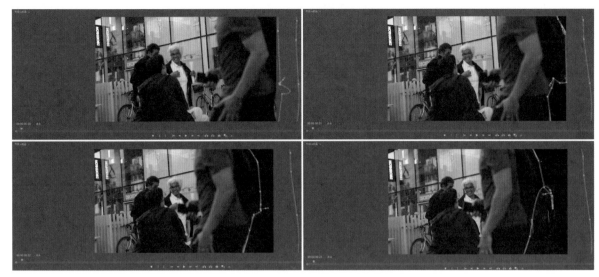

图3-86

为了快速制作蒙版，可以直接在人物即将走出画面的位置添加关键帧，并画出遮罩，如图3-87所示。无论使用哪种方法，都可以让第2段素材的画面逐渐显现。

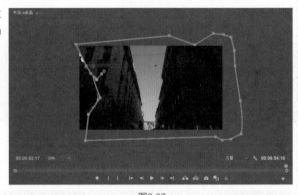

图3-87

06 为了让转场更顺畅、更自然，可以设置"蒙版羽化"为"50.0"，这样就完成了无缝转场的制作，如图3-88所示。当然也可以为视频添加文字以丰富画面，最终效果如图3-89所示。

图3-88

图3-89

3.3.2 无缝转场

可以通过遮罩蒙版的剪辑手法实现无缝转场，也可以通过前期拍摄时巧妙的设计实现无缝转场。

方法1：对镜头进行遮挡实现无缝转场。 在第1个镜头中使用物品或直接用手遮住镜头，在第2个镜头中将物品或手移开，也可以直接切换到下一个镜头，从而实现无缝转场。例如，女主角用椰子遮住镜头，将椰子拿走后就转入下一个场景中，如图3-90所示。

图3-90

方法2：利用甩镜头实现无缝转场。 在第1个镜头拍摄完成后向某个特定方向快速移动镜头，下一个镜头从上一个镜头移动的方向衔接，第1个镜头向下快速移动后，第2个镜头需要从上方快速移动到画面中，甩镜头只要镜头与画面移动方向保持一致就能实现无缝转场。例如，第1个镜头是女子在街头表演，几秒后将相机向下快速移动，第2个镜头从上向下移动到画面的中央，在这两段镜头的衔接处进行剪辑就可以实现无缝转场，如图3-91所示。

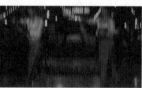

图3-91

方法3：利用相似场景或图像之间的组接实现无缝转场。 人文短片《土耳其瞭望塔》中多次使用这种方法，其中有一个由冰激凌到火炬，再由火炬到蜡烛的相似转场，如图3-92所示。

图3-92

方法4：利用相似的动作进行匹配实现无缝转场。 短片《瞬步 Shunpo》将相似动作的无缝转场运用得淋漓尽致，前一个场景人物从椅子上向前站起，后一个场景组接在人物在阳台上做出向前扑的动作，如图3-93所示。

图3-93

3.4 制作炫酷开场

一个炫酷的开场，可以第一时间吸引住观众的眼球，为创作加分。

实例：制作电影黑幕开场

素材位置	素材文件＞CH03＞实例：制作电影黑幕开场
实例位置	实例文件＞CH03＞实例：制作电影黑幕开场
教学视频	实例：制作电影黑幕开场.mp4
学习目标	学习"颜色遮罩"和"裁剪"

扫码看效果

电影黑幕开场是指视频从一块黑幕的中间开场，分别向上向下拉开黑幕，最终定格时视频上下保留了黑边，最终效果如图3-94所示。

01 将"素材文件＞CH03＞实例：制作电影黑幕开场"文件夹中的"航拍企业大楼.mp4"素材导入"项目"面板并拖曳到"时间轴"面板中。在"项目"面板中单击鼠标右键，执行"新建项目＞颜色遮罩"菜单命令，新建一个"黑色"（R:0，G:0，B:0）的"颜色遮罩"，将"颜色遮罩"拖曳到V2轨道上并设置长度，使其正好覆盖下方的素材，如图3-95所示。

图3-94

图3-95

02 在"效果控件"面板中找到"裁剪"效果并将其拖曳到"颜色遮罩"上，在视频的第1帧处单击"裁剪"中的"顶部"左侧的"切换动画"按钮▣添加关键帧，并设置"顶部"为"50.0%"，如图3-96所示。在00:00:01:10处添加第2个关键帧并设置"顶部"为"90.0%"，为视频保留一点黑边，营造出电影感，如图3-97所示。

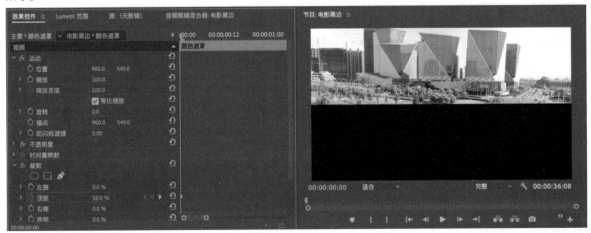

图3-96

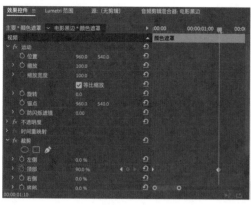

图3-97

03 利用相同的原理制作底部的黑场。在"项目"面板中将"颜色遮罩"拖曳到V3轨道上，并为其添加"裁剪"效果。在视频的第1帧处设置"底部"为"50.0%"并单击其左侧的"切换动画"按钮添加关键帧，在00:00:01:10处设置"底部"为"90.0%"并添加关键帧，这样就呈现出视频黑幕开场，如图3-98所示。最终效果如图3-99所示。

图3-98　　　　　　　　　　　　　　　　　　图3-99

实例：制作"盗梦空间"开场

素材位置　素材文件＞CH03＞实例：制作"盗梦空间"开场
实例位置　实例文件＞CH03＞实例：制作"盗梦空间"开场
教学视频　实例：制作"盗梦空间"开场.mp4
学习目标　学习"旋转""缩放"

扫码看效果

可以利用"旋转""缩放"制作梦幻、炫酷的"盗梦空间"开场，最终效果如图3-100所示。

图3-100

01 导入"素材文件＞CH03＞实例：制作盗梦空间开场"文件夹中的"37009.mp4"素材到"项目"面板并拖曳到"时间轴"面板中，将"裁剪"效果应用到素材上对画面进行修改，如图3-101所示。

图3-101

02 如果要营造梦幻、炫酷的感觉，就要突出视频素材的空间感，这里可以使用"旋转"和"缩放"效果对素材进行翻转。在"效果控件"面板中展开"裁剪"效果，设置"顶部"为"50.0%"，此时可以看到素材的上半部分消失了，只保留了下半部分，如图3-102所示。

图3-102

03 为了让效果更自然，需要在边缘位置进行羽化，设置"羽化边缘"为"50"，此时可以看到画面中有画面的部分和纯黑的部分之间出现了渐变的过渡，如图3-103所示。

图3-103

04 按住Alt键并向上拖曳鼠标以复制V1轨道上的图层到V2轨道上，对复制的素材进行旋转，在"运动"效果中设置"旋转"为"180.0°"完成翻转，此时画面就颇具空间感，并且中间通过羽化处理后变得比较自然，如图3-104所示。

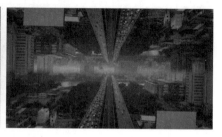

图3-104

05 在原有的素材上新建一个嵌套，在"时间轴"面板中选择所有的视频素材并单击鼠标右键，执行"嵌套"菜单命令并设置"名称"为"片头"，将两段素材嵌套成一段，如图3-105所示。

图3-105

06 在"片头"素材的开始处添加"旋转"和"缩放"的关键帧。在第1帧设置"旋转"为"10.0°"并单击"切换动画"按钮添加关键帧，可以看到视频的周围出现了黑边，如图3-106所示。这时可以设置"缩放"为"130.0"来放大视频掩盖黑边。

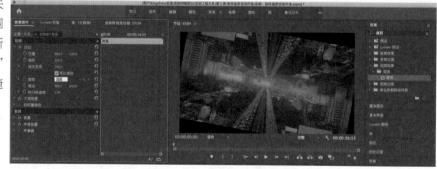

图3-106

07 将时间线移到视频的最后一帧，设置"缩放"为"150.0"，实现镜头在不断向前推进的过程中变得越来越大的效果。设置"旋转"为"-10.0°"，让视频产生转换时逐渐倾斜和旋转的效果，如图3-107所示。最终效果如图3-108所示。

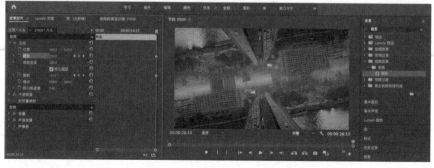

图3-107

图3-108

实例：制作文字遮罩开场

素材位置	素材文件＞CH03＞实例：制作文字遮罩开场
实例位置	实例文件＞CH03＞实例：制作文字遮罩开场
教学视频	实例：制作文字遮罩开场.mp4
学习目标	学习文字遮罩开场的制作

扫码看效果

很多视频制作者喜欢在视频的开始处展示主题或Logo，那么本实例将利用轨道遮罩制作带有字幕的遮罩开场，最终效果如图3-109所示。

VLOGVLOGVLOGVLOGVLOG

图3-109

01 将"素材文件＞CH03＞实例：制作文字遮罩开场"文件夹中的"37009.mp4"素材导入"项目"面板并拖曳到"时间轴"面板中，执行"文件＞新建＞旧版标题"菜单命令新建一个"旧版标题"，如图3-110所示。

02 在"旧版标题"对话框中使用"文字工具"在视频中输入文字，在右侧的"旧版标题属性"面板中可以设置文字的大小、间距、位置和字体等，如图3-111所示。

图3-110

图3-111

03 完成设置后关闭"旧版标题"对话框，将"项目"面板中的"字幕01"拖曳到V2轨道上。此时可以看到视频上的字幕有些呆板，需要添加"轨道遮罩键"效果进行优化。在"效果控件"面板的"轨道遮罩键"中设置"遮罩"为"视频2"，如图3-112所示。最终效果如图3-113所示。

图3-112

图3-113

实例：制作文字书写开场

素材位置	素材文件＞CH03＞实例：制作文字书写开场
实例位置	实例文件＞CH03＞实例：制作文字书写开场
教学视频	实例：制作文字书写开场.mp4
学习目标	学习文字书写开场的制作

扫码看效果

文字遮罩开场效果多用在较为炫酷的场景中，温暖、治愈的片头利用文字书写方式开场会更温馨，效果如图3-114所示。

图3-114

01 将"素材文件＞CH03＞实例：制作文字书写开场"文件夹中的"37009.mp4"素材导入"项目"面板并拖曳到"时间轴"面板中。新建一个"旧版标题"并输入文字"2021"，设置"字体大小""字符间距""字体系列"等后关闭"旧版标题"对话框，如图3-115所示。

02 将"字幕02"拖曳到V2轨道上，调整"字幕02"图层的持续时间至与素材时间相同。选择"字幕02"图层并单击鼠标右键，执行"嵌套"菜单命令进行嵌套，在"效果"面板中将"书写"效果应用到嵌套的图层上，如图3-116所示。

图3-115

图3-116

03 此时"节目"面板中会出现一个中间有"十"字圆圈的画笔，可以在"效果控件"面板中设置"书写"的
"画笔大小"和"画笔硬度"，然后设置"画笔间隔"为"0.001"使画笔笔画密集，如图3-117所示。

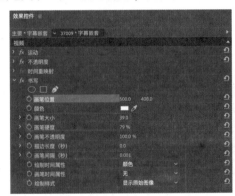

图3-117

04 将画笔放在需要书写文字的第1笔上，单击"画笔位置"左侧的"切换动画"按钮，在第1帧处添加关键
帧，按→键将关键帧向后移动一帧或两帧后，根据书写的笔画设置"画笔位置"直到完整地写出"2"字，如
图3-118所示。

图3-118

05 按照书写笔画耐心地一帧一帧绘制关键帧，直到为所有文字添加关键帧，设置"绘制样式"为"显示原始
图像"，书写效果就制作完成了，如图3-119所示。最终效果如图3-120所示。

图3-119

图3-120

技巧提示

在一个文字上添加的关键帧越多，书写该文字的速度就越慢；添加的关键帧越少，书写该文字的速度就越快。通过实例可以看出，第1个"2"上的关键帧比较多，因此书写时较慢，后面的"021"写得就较快。

实例：制作快速翻页开场

素材位置	素材文件＞CH03＞实例：制作快速翻页开场
实例位置	实例文件＞CH03＞实例：制作快速翻页开场
教学视频	实例：制作快速翻页开场.mp4
学习目标	利用素材制作快速翻页开场

扫码看效果

要制作快速翻页开场，需要准备多张大小一致的图片或多个尺寸一致的视频素材，准备的素材越多，完成的效果越好，最终效果如图3-121所示。

图3-121

01 将"素材文件＞CH03＞实例：制作快速翻页开场"文件夹中的12张图片素材导入"项目"面板并拖曳到"时间轴"面板中，如图3-122所示。

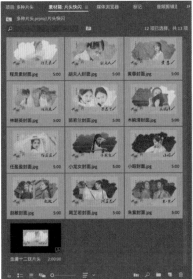

技巧提示

如果自行制作开场时准备的图片素材较少，可以将准备的素材复制几份重复使用。

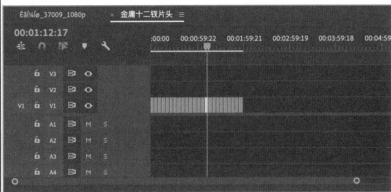

图3-122

02 由于导入的素材不能铺满整个屏幕，因此需要设置素材的尺寸使其铺满屏幕。可以在屏幕上双击图片，再拖曳锚点来设置尺寸，如图3-123所示。单击鼠标右键并执行"复制"菜单命令复制效果，选择剩余的素材，单击鼠标右键并执行"粘贴属性"菜单命令，如图3-124所示。在弹出的"粘贴属性"对话框中勾选"运动"复选框并单击"确定"按钮 确定 完成效果的复制，如图3-125所示。

图3-123

图3-124

图3-125

03 选择所有的素材，单击鼠标右键并执行"速度/持续时间"菜单命令，在"剪辑速度/持续时间"对话框中进行设置。"持续时间"越长，翻页速度越慢。因此需要根据实际情况来定，可以设置"持续时间"为00:00:00:03制作快速翻页效果。勾选"波纹编辑，移动尾部剪辑"复选框后单击"确定"按钮 确定 完成设置，如图3-126所示。

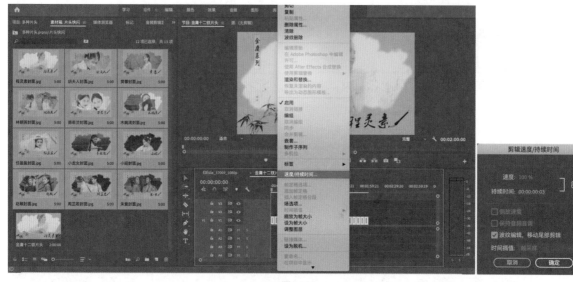

图3-126

04 复制制作的所有素材进行备份。在"效果"面板中找到"变换"效果并将其应用到第1段素材上，如图3-127所示。在"效果控件"面板的"变换"效果中找到"位置"，在图片没有出现时设置"位置"为"480.0，−300.0"添加第1个"位置"关键帧，如图3-128所示。

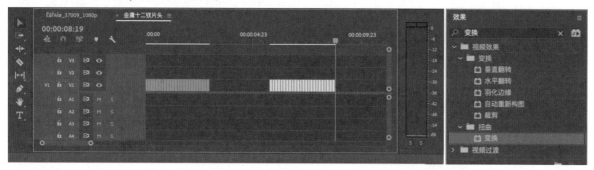

图3-127

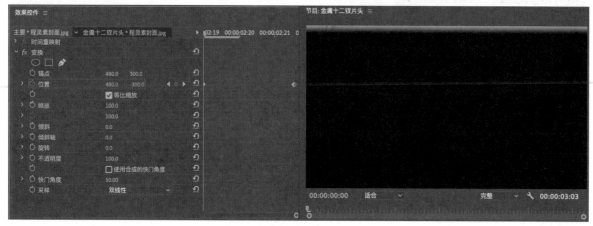

图3-128

05 在00:00:00:03处添加关键帧并将画面放置到"节目"面板中，这样就完成了图片从上至下翻页效果的制作，如图3-129所示。取消勾选"变换"中的"使用合成的快门角度"复选框，添加动态模糊效果，设置"快门角度"为"50.00"，如图3-130所示。

图3-129

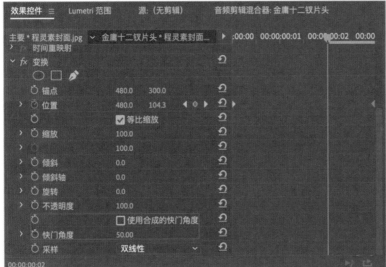
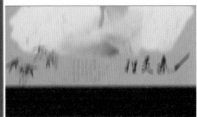

图3-130

06 完成第1段素材的制作后，复制并粘贴它的参数到后面的素材中，快速为后续素材添加效果，如图3-131所示。

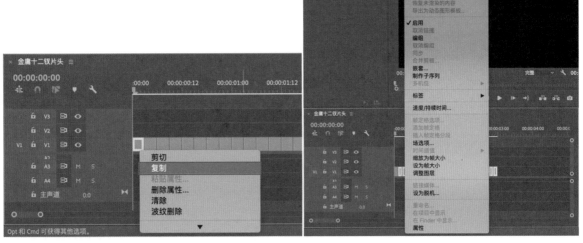

图3-131

07 此时可以发现每一张照片都是从上到下运动，缺少一定的停留时间，因此将刚刚复制的备用素材放置到翻页素材的下方，上方轨道的素材运动后，在下方轨道上会呈现该段素材的静止画面，如图3-132所示。错开画面后就完成了快速翻页开场的制作，最终效果如图3-133所示。

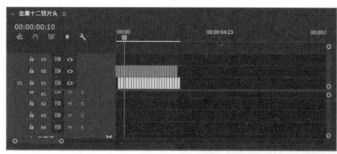

图3-132

图3-133

技巧提示

　　视频素材也是同样的操作方法，可以在片头和片尾结合"书写"效果一起使用，在翻页后书写出片头字幕，这样制作的效果会更丰富。

3.5 制作"踩点"视频

　　"踩点"是根据背景音乐的鼓点和节拍在节奏点处进行镜头切换或变化的视频形式。每一次镜头切换或变化对观众来说都是一次注意力的转移，因此要把握叙事剪接点，留给观众足够的反应时间。"踩点"可以使短视频播放流畅且富有动感。

3.5.1 找准节奏点

　　要制作一个"高燃"的"踩点"视频，较为关键的一点在于选择合适的背景音乐，因为背景音乐一般具有节奏感强的特点。将选择的音乐拖曳到"时间轴"面板的音频轨道上，随后找出这段音乐的节奏点，如图3-134所示。

图3-134

将背景音乐截取一段作为选用的片段，单击轨道上的任意空白区域准备"踩点"。首先在英文输入模式下按住空格键播放音乐，然后在听到一个强节拍、鼓点后就迅速地按M键在轨道上做标记，如图3-135所示。

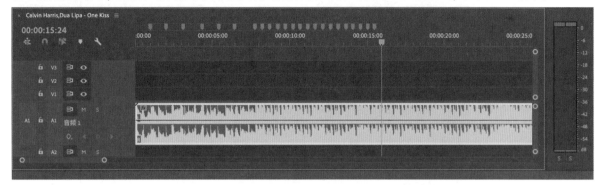

图3-135

可以通过拖曳将标记移到想要的位置，也可以在标记上单击鼠标右键清除标记。标记完成后，就可以把需要的素材拖曳到"时间轴"面板中，然后根据标记的位置放置素材并进行剪辑，如图3-136所示。

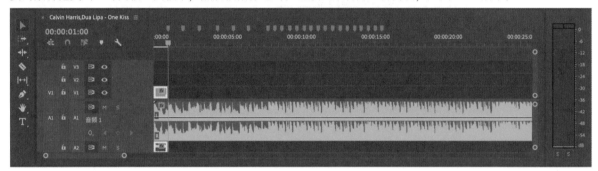

图3-136

技巧提示

置入素材前，在"项目"面板中双击素材打开"源监视器"面板，在"源监视器"面板中选取需要的视频片段，在视频片段的入点处按I键、出点处按O键，通过这样的方式可以完成粗剪工作。

3.5.2 自动"踩点"

在Premiere中可以一个一个地导入素材，也可以直接导入一个素材包。如果将夜景素材包导入"项目"面板中，可以在"素材箱：夜景"面板中看到素材包中的全部素材，如图3-137所示。

图3-137

选择一段素材，将其拖曳到"时间轴"面板中新建序列，再将音乐拖曳到"时间轴"面板中，根据音乐节

奏添加标记。这时可以看到"项目"面板下方有一个"自动匹配序列"按钮，未选择素材时该按钮不能使用。将一段素材拖曳到按钮上，Premiere就可以自动进行匹配，也可以先选择素材，再单击"自动序列匹配"按钮，此时会弹出"序列自动化"对话框，如图3-138所示。

图3-138

在"序列自动化"对话框中，"顺序"是指排序方法，其下拉列表中的"排序"是指按照"素材箱"中的内容进行排列，"选择顺序"是指按照选择顺序进行排列。在"项目"面板中按住Ctrl键依次选择想要的素材，就会按照选择的顺序依次排列素材，如图3-139所示。

如果不需要原始素材的音频，可以勾选"忽略音频"复选框。"放置"下拉列表中的"按顺序"是指根据素材长度不断地排序，当素材的长度到达最大时，继续排列第2段素材，"在未编号标记"是指按照标记点进行排序，如图3-140所示。

图3-139

图3-140

设置完成后，单击"确定"按钮 就会按照相应规则排序。需要注意的是，排序时默认在序列时间线后第1个标记处排序，所以一定要把时间线放置在需要开始排序的地方，如图3-141所示。

如果发现素材之间出现了空当，那么说明选择的素材长度较短，这时需要更换更长的素材，如图3-142所示。

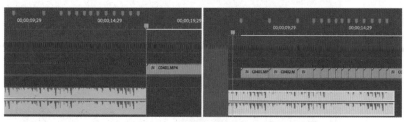

图3-141

图3-142

技巧提示

在自动序列匹配中，需要将标记添加在序列上，而不是音频轨道上，否则标记将无法被识别。

3.5.3 为"踩点"添加效果

根据节奏进行转场"踩点"后会发现这样的"踩点"有些单调，此时可以利用关键帧为"踩点"视频增加变化。打开"效果控件"面板，选择素材后单击"运动"效果中"缩放"左侧的"切换动画"按钮添加关键帧，第1帧保持不变。创建一个关键帧，拖曳其位置并调整相关参数，就完成了关键帧动作。当然，也可以为其添加"缓入"和"缓出"效果。可以在"效果"面板中添加其他效果，也可以同时添加两个效果。每段素材可以单独调整，也可以复制第1段素材调整后的效果并粘贴到后续素材上，如图3-143所示。

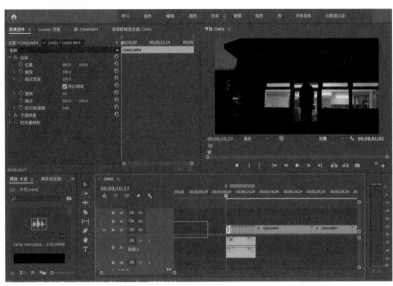

图3-143

3.6 把控速度与节奏

时长在15秒以内的短视频要想吸引更多流量，就一定要让观众感受到它的节奏感和张力，这就要求创作者对节奏有很好的把控。很多视频看上去很枯燥、无特色和亮点，恰恰是因为在剪辑时缺少速度的变化和对节奏的把控。本节将讲解如何运用剪辑技巧，让平淡的一条直线呈现出波澜起伏的效果。

3.6.1 掌握变速工具

要想掌握速度和节奏，就要学会调整速度的方法。一种比较简单的调整速度的方法就是对素材进行固定参数的调节，在"时间轴"面板中的素材上单击鼠标右键并执行"速度/持续时间"菜单命令，如图3-144所示。

如果需要加快视频速度，可以设置"速度"大于100%，2倍速度播放就是200%，如果需要减慢播放速度，可以设置"速度"小于100%，慢放1倍为50%，如图3-145所示。如果勾选"倒放速度"复选框，则可以使素材按照设置的速度进行倒放。

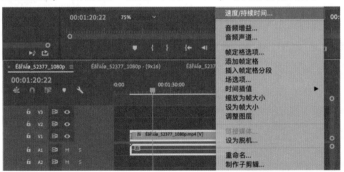

图3-144

图3-145

另外一种调整速度的方法是设置"持续时间"。例如，将当前素材的播放时间压缩为5秒，设置"持续时间"为00:00:05:00后软件会根据时间自动调节播放速度的快慢，设置速度后"时间轴"面板中的素材都会有对应参数的变化，如图3-146所示。

使用"比率拉伸工具" 在"时间轴"面板中的素材开始或结束的一侧进行拖曳，素材的长短和速度会等比例地进行修改，如图3-147所示。缩短素材可以加快播放速度，延长素材可以减慢播放速度，在剪辑时要根据前后片段所留下的空隙准确地调整时间。

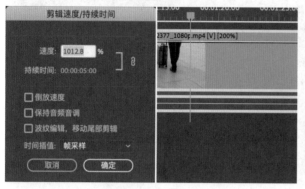

图3-146

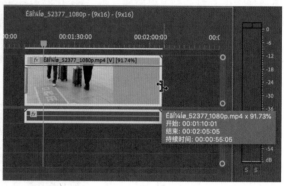

图3-147

3.6.2 制作升格和降格

如果使用每秒100帧的设置来拍摄视频，但是在1秒内依然只播放25个画面，那么1秒的视频素材将会持续播放4秒。让观众可以用4秒的时间观看1秒钟内发生的动态变化，影片播放时就会呈现清楚、连续的0.25倍速，类似这样的镜头称为升格镜头。可以简单地把升格镜头理解为慢镜头或慢动作。较多的拍摄影格数量可以让观众在同样的时间里看到更多的连续图像，进而实现慢动作的效果。升格在影视创作中运用得很多，制作升格时一定要在前期拍摄高影格速率的影片。

与升格镜头相反的是降格镜头，降格拍摄又称低速摄影，就是利用低于每秒25帧的速率来拍摄，使画面中运动物体的运动速度"加快"。它和快放、快动作相似。

设置帧速率时，要相应地设置快门速度，帧速率越高，快门速度就要越快。例如，设置帧速率为100fps（每秒拍摄100帧），则快门速度至少应为1/100秒，这样才能准确地记录拍摄的内容。

在通过调整视频速度制作升格视频时，需要设置"时间插值"为"光流法"。"光流法"通过后期算法补帧实现视频的升格，适用于视频素材光线简单的画面，光线太复杂的情况不适用。如果不设置为"光流法"，则视频会出现卡帧的情况，如图3-148所示。

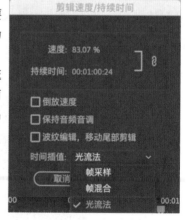

图3-148

> **技巧提示**
>
> 在拍摄升格画面时，由于每1秒记录的内容更加丰富，因此占用的存储空间也会更大。在拍摄时，应选择内存更大、读写速度更快的内存卡。

3.6.3 时间重映射"踩点"

前两个小节介绍了如何改变一段素材的播放速度，以及如何在视频中实现升格或降格，那么如何使一段素材在播放时时快时慢，跟随音乐节奏或内部需要进行速度变化呢？这就需要利用"时间重映射"进行设置。

在"时间轴"面板中的素材上可以看到"fx"按钮fx，在此处单击鼠标右键并执行"时间重映射＞速度"菜单命令，可以看到素材上出现了一条白色横线，如图3-149所示。这就是素材的速度，单击左侧的"添加-移除关键帧"按钮就可以在鼠标指针的当前位置添加关键帧。

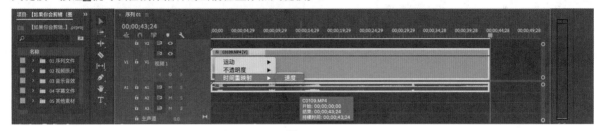

图3-149

选择需要变速的片段，向下拖曳白色横线时视频的播放速度会变慢，向上拖曳时视频的播放速度会变快，把鼠标指针放在"时间轴"面板中就会显示两点之间片段的速率，如图3-150所示。

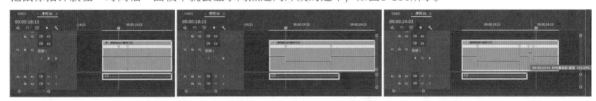

图3-150

如果觉得加速过于生硬，可以拖曳白色横线上方的小箭头，拉开两个箭头之间的距离，拉开的距离就是需要过渡的时间，如图3-151所示。拉开箭头后会出现"贝塞尔曲线"，曲线越倾斜，变速越平缓，如图3-152所示。

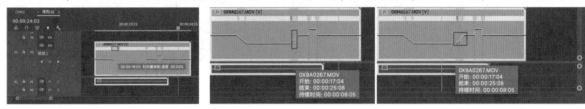

图3-151   图3-152

学会了"时间重映射"的操作，就可以让一段素材播放时时快时慢，让素材里运动着的人或物根据需要的节奏进行变化，并结合"踩点"的内容一起使用。例如，有一段想要编辑的素材和一段背景音乐，一边播放一边按M键为音频添加标记，然后在标记处添加关键帧并通过"时间重映射"对节奏进行把控。

3.6.4 让视频变美的简单方法

介绍完升格和降格并学会如何利用"时间重映射"完成变速后，本小节开始介绍其具体的应用方法。除了之前提到的利用"时间重映射"完成"踩点"视频外，还可以利用升格镜头让画面变得更加唯美。因为升格是为了让画面在慢放时能够获取更多细节，所以制作短视频时可以在每段视频的结尾处或每个音乐小节的末尾将速度放慢，通过升格镜头在突出画面节奏变化的同时增添视频的意境，如挥手、舞剑等动作。

将两个景别的动作剪辑在一起，第2段素材用"时间重映射"来设置速度，在向上转手这个动作快结束时，逐渐将速度变慢，展示更多细节，让观众看得更加清楚和舒缓，使视频变得更加唯美。

如果不对素材进行剪切，只有一段素材也可以在视频的末尾处通过"时间重映射"进行升格处理。例如，穿着汉服的姑娘在池塘边跑动时身上的披帛掉落，姑娘回头看着掉落的披帛，可以在披帛掉落的瞬间为视频添加关键帧，将披帛掉落后的部分利用"时间重映射"来放慢制作升格，这样会展现出一幅唯美的镜头画面，如图3-153所示。

图3-153

　　要体现这种唯美、有意境的风格特点，通常需要人物有较大的动作幅度，如转圈、回眸和跑跳等动作。

　　这一点可以使用手机的慢动作功能拍摄实现。在拍摄时使用平视或稍微仰拍的角度对准人物主体，让人物转圈并转起裙子，配上背景音乐后，一段10秒钟的唯美短视频就诞生了，如图3-154所示。

图3-154

　　平时制作视频时，如果觉得在镜头组接之后还不够出彩，没有想象中的唯美，那么可以在每个音乐小节的末尾制作升格，让视频更有韵味。这个小技巧在其他视频中同样适用。

技巧提示

　　慢动作画面能捕捉更丰富的细节，可以通过一些重量较轻、体积较小的道具为视频增添亮点，如喷水、下雪、撒粉末和碎纸屑等，如图3-155所示。

图3-155

降格拍摄时会导致曝光速度变慢，每一帧捕获的运动轨迹存在虚影，影像最终产生独特的拖影效果。宣传片的夜景拍摄中经常会使用这种拖影镜头。拖影镜头在广告和MV中很常见，常用来拍摄夜景街道中车流的快速穿梭或者发光物体的快速运动，营造出画面中的光束效果，使得整体画面极具动感和科技感，形成一种光影的运动视觉效果，如图3-156所示。

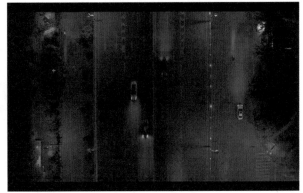

图3-156

3.6.5 制作重复画面视频

重复画面视频和"踩点"的制作方法类似，只不过需要选择音乐节奏不断重复的片段，从波形图中即可看出这类音乐的特点，如图3-157所示。

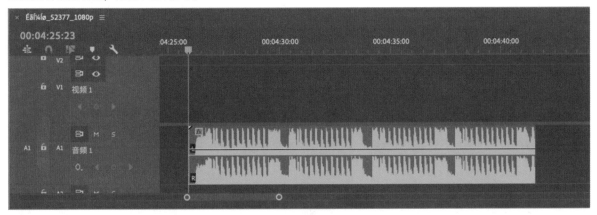

图3-157

可以按M键为音乐添加节奏点，也可以直接通过音乐的波形图进行剪辑。制作重复画面视频的一个要点是将有不断重复效果的音乐作为背景音乐，另一个要点是视频中要存在动态。

使用人物在逗路边小狗的素材，选择小狗晃动脑袋的片段进行剪辑，得到小狗晃头晃脑的动态素材，如图3-158所示。剪辑出人物使用头部动作逗小狗的画面作为片段素材，如图3-159所示。

图3-158

图3-159

将两段素材衔接在一起，调整音频素材的长短。复制衔接好的素材后，对照波形反复粘贴添加，就完成了这段重复画面视频，如图3-160所示。最终效果如图3-161所示。

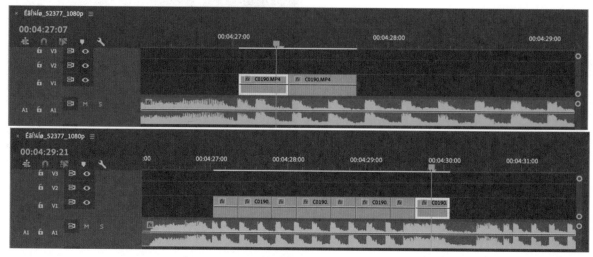

图3-160

图3-161

技术专题：加强节奏练习

在学会了拍摄和剪辑技巧后，还要通过不断练习和思考让视频的节奏感更强，从而更好地掌握视频制作的节奏。在剪辑中要习惯通过停顿、加速和变缓等方式对原始时间进行处理，让时间变化的直线慢慢变成曲线，这样视频就会具有节奏感。

在初期剪辑时可以利用背景音乐来调整视频的节奏，利用剪辑点让观众感受到视频的节奏感和张力。例如，很多音乐开始部分的节奏都很舒缓，随着情绪的铺垫，节奏突然快起来并达到高潮，使用这样的音乐进行剪辑，也会让视频具有较强的节奏感。

如果在一些素材中，先不考虑背景音乐，而是单纯地将想要表达的视频内容剪辑出节奏感，可以使用一些小技巧。例如，在一个影片的高潮爆发之前设计长时间冷静、稳定的铺垫，会使整部片子的节奏张弛有度，从而让观众在观看时产生情绪的波动。

第 **4** 章 快速制作微电影

■ **学习目的**

　　学会创作短视频后，需要进一步提高自己的能力，以实现长视频的拍摄、制作。大多数视频创作者可能都有一个电影梦，虽然听上去有些遥远，但是大家可以通过学习拍摄微电影来一步步朝着梦想的方向努力。微电影拍摄相对于短视频创作来说更系统、更复杂。本章将针对微电影拍摄，对前期剧本的创作、拍摄时的使用方法和后期制作剪辑等内容进行讲解。

■ **主要内容**

· 写出一个好故事　　　　　· 写好分镜头脚本　　　　　· 对声音进行设计

· 拍摄前需要做的准备　　　· 得到电影感

4.1 写出一个好故事

微电影有几个明显的特点：放映时长短、制作周期短、投资规模小等。剧本创作是长视频或微电影的核心和灵魂，因此只有先写出一个好故事才能让微电影真正好看和耐看。

4.1.1 确定好主题

进行任何创作的第1步都是确定选题，只有做好选题的构思和规划才能让接下来的环节更加顺畅。确定选题要遵循以下两个要点。

• 选择适合自己的领域、方向

如何找到适合自己的领域、方向呢？一方面可以根据自己的爱好，从自己比较有研究、有关注、感兴趣的方向入手，为创作提供动力。如果平时喜欢美食，则可以创作美食方面的长视频，也可以创作与《舌尖上的中国》或《小森林》等风格类似的视频，如图4-1所示。

另一方面可以从自己擅长的领域或职业方向入手进行创作，以突出自身优势。例如，老师可以根据校园题材、教育题材进行微电影创作，如图4-2所示。

图4-1　　　　　　　　　　　　　　　　　　图4-2

• 确定具体的拍摄内容

拍摄内容往往会传达拍摄者的观点，可以先确定一个观点，再围绕观点进行创作。选择观点时，可以结合当下讨论热烈的话题进行，也可以瞄准时间节点进行，如一些节日、节气或特殊时间段。

如果实在没有灵感，可以参考各大视频网站上当下热门视频的主题，从中寻找视频创作方向。

4.1.2 三段式剧本创作

确定好主题后，就要围绕主题进行剧本创作。剧本创作就是写故事，把故事写出来可能并不难，但是要把故事写好并不是一件容易的事。写好一个故事最基本的是要带有一定的逻辑性，还要带有一定的趣味性，无论时间长短都不能让观众感到无聊，需要时刻用剧情吸引着观众。大家可以通过学习剧本创作的架构，来掌握写好一个故事的套路。

剧本创作的架构有很多种类型，可以分为两段式、三段式和五段式，其中经典且常用的是三段式。大多数商业片都采用三段式结构叙事。对放映时间短的微电影来说，要写好一个故事，一定要用简单明了的方式。所以，学会使用三段式的故事架构来进行微电影创作非常重要。

要如何创作三段式结构的剧本呢？三段式的故事架构利用观众对故事进展的好奇心，通过两个情节点将完整的故事分为3段。这样的结构既实现了情节递进，又塑造了丰富的人物形象，从而一步步将观众带入故事中。

三段式的3段一般为第1段建置，第2段对抗，第3段解决。第1段和第2段之间出现了故事的第1次转折，第2段和第3段之间出现了故事的第2次转折，如图4-3所示。

图4-3

第1阶段的建置阶段，通常要交代故事的主角、前提和情境。这个阶段必须完成对微电影基调的设定，这是为了激发观众的好奇心，以及继续观看并一探究竟的欲望。此阶段一般不超过全片时长的1/4。到了第1阶段的最后部分会出现故事的第1次转折，在这里设置一个情节点，同时这个情节点也连接着第2阶段，让故事走向一个新的方向。

第2阶段的对抗阶段，是故事中发生冲突的部分。这一阶段通常都在写主角如何与阻力做斗争，可以讲述主角面对困难能力不足以解决问题，也可以讲述主角在糟糕的环境中突然看到希望，却与希望擦肩而过等情节。对抗阶段在一部微电影中是讲述故事最长的部分，一般占总时长的一半。到了第2阶段的尾声一般会出现第2次转折，是故事的关键转折点。这里会讲述主角在面临巨大的阻力时能否真正战胜困难，而一般微电影在这个转折点也会将剧情推向高潮。

第3阶段的解决阶段，主角将面临最紧张的时刻。在这个阶段，整部微电影的剧情和情感将被推向高潮。所有问题，包括前期设置的悬念、埋下的伏笔，都会统一在这个高潮部分得到解决。该阶段通常占全片时长的1/4。

4.1.3 塑造故事中的角色

观看电影和视频其实是在阅读其中讲述的故事，直白的故事就是看人物在事件中的抉择与行动，看人物展示的本性。所以创作好故事脚本后一定要对人物进行细致刻画，一般通过为每个人物撰写人物小传的方式完成。人物小传就是角色人物的成长经历和行为模式的体现，只有通过这种方式丰富人物细节，才能更便捷地找到合适的演员，进而帮助演员理解和表现人物，如图4-4所示。

在故事塑造人物的同时，人物也在推进故事的发展。所以要写好一个故事，就要学会塑造故事中的角色。在微电影的创作中至少需要一个主角，大多数情况下也需要主角之外的其他角色，与主角相互关联、相互比较，具体可以根据创作的主题和脚本的需要来增加故事中的角色。

主角是故事的中心，将推动整个剧情的发展，一般有着特有的目的和渴望。在拍摄主角出场时通常会用特写镜头进行交代，有时也会使用专属的背景音乐，如图4-5所示。

图4-4

图4-5

反派是与主角对立的存在，是主角前进路上的阻碍，会不断地给主角制造困难，同时也会逼迫主角不断成长，如图4-6所示。一部好看的微电影，只有主角和反派势均力敌才能吸引观众的眼球。在拍摄时应多使用仰拍镜头来显示反派强大的力量，给人以压迫感，而使用俯拍镜头来表现主角，与反派形成对比。随着故事情节的向前推移，主角慢慢成长，逐渐战胜反派，拍摄的角度也发生改变，让观众的内心跟随观看的视角而变化。

帮手是在主角身边辅助主角成长的角色，有着与主角相同的目标，通过从侧面刻画他可以让观众更深刻地理解主角，如图4-7所示。可以根据剧情的需要设定一个假帮手，如前期作为主角的帮手出现，但逐渐被发现其实是主角的对手。假帮手的出现能够更好地增加故事的反转性和意外性，进而增加剧情的可看性。如果有假帮手，也可以增加假反派，二者的作用一样，都是在增加悬念、反转性的同时，在关键时刻为情节的转折作贡献，推动剧情发展。

图4-6

图4-7

以上角色都围绕在主角身边，也可以增加一些离主角较远的副线角色。这些角色可能与主角并无交集或交集很少，但可以新增一个看待故事的视角和维度，让主角和他的主线故事更立体。

了解了故事中的角色后，还要了解人物关系。人物关系需要根据微电影的主题和内容确定，通常恋人、导师、朋友、同学和对手是较为常见的人物关系。刚开始创作时可以将日常生活中的关系带入微电影中，围绕这些关系展开故事情节。

技巧提示

当然并不是所有角色都需要出现在影片中，尤其是在微电影创作中。因为没有过多的时间对人物进行深入的描写和刻画，如果出现的人物过多则很容易让观众不能理解人物、剧情，甚至找不到主角，所以通常微电影中的主要人物不会超过3人。

4.2 拍摄前的准备

由于微电影的拍摄时间一般较短，经费也有限，因此前期的准备工作显得尤为重要。本节将介绍在拍摄微电影前需要做好哪些准备。

4.2.1 控制经费

上一节介绍了如何创作一个脚本，写出一个好故事。那么写好故事后，就需要围绕剧本去挑选演员、考察场地。当然，在初期可以找家人、同事或朋友来客串，将人物小传发给他们，帮助他们理解角色。而寻找熟悉的环境和场景进行拍摄，就可能存在一些场景需要付费或消费，如宾馆、饭店等，当然也有一些免费场地。但不管什么情况，都一定要提前进入拍摄场地进行踩点，在踩点过程中需要特别留心以下5个问题。

场地的大小。场地的大小决定了可供几个人物活动、摄影机可以摆放的位置、摄影机采用不同的摆放角度会得到什么景别，如图4-8所示。

场地的光线。场地的晴天光线效果、各个时段的光线效果、阴天的光线效果、光线的理想位置、场地是否可以布置灯光和灯光所布置的位置等都是需要考虑的，如图4-9所示。

场地的位置。人物进入场地后可以活动的路线、摄影机可以运动的路线以及不同场地间赶场的时间都需要根据场地的位置来判断，如图4-10所示。

图4-8   图4-9   图4-10

场地的元素。注意场地内有没有容易穿帮的元素，如拍古代戏却出现了现代的指示灯，如图4-11所示。另外也可以寻找能够利用的道具，以更好地服务于剧情。

场地的风格。观察和分析场地的整体风格，考虑其适合什么样的服装搭配，如图4-12所示。

图4-11   图4-12

场地踩点结束后要进行分析，预估完成整场拍摄所需的时间，便于安排拍摄顺序与人物，或者转场时间。因为正常的微电影制作团队是以"天"为单位来计费的，时间就是金钱，只有合理地安排好时间才能有效地控制成本。

通常负责以上工作的是团队中的制片。在小成本的微电影创作中，制片最重要的工作就是做好预算，控制好支出。在确定好演员、场地后，制片需要制作一个详细的预算单，内容包含在何时何地、拍摄什么、角色有多少和设备是什么，最终得出拍摄所需的费用。计算出预算后就要按照预算确认团队中的现有资金，如果资金不足则需要删减不必要的情节、减少演员或场地等。

4.2.2 充分利用视觉参考

在拍摄微电影前，需要寻找大量的参考片，以供参考和准备。尤其是在预算较少、拍摄周期较短的情况下，更有效率的办法就是利用大量参考片来明确想要拍摄的内容，这样也可以使拍摄现场的其他人员在较短时间内了解拍摄思路。需要明确以下5个可供参考的内容。

寻找同类题材参考。找到相似风格的参考片。例如，要拍一部拳击、搏击题材的微电影，可以参考同类题材的电影《搏击俱乐部》，如图4-13所示。

寻找布光的参考。根据想要拍摄的光线，找到相似影片作为参考。例如，要在室内拍摄暗调风格的影片，可以搜寻相似的暗调电影。

布景的参考。有了参考片就可以第一时间布置场地，如图4-14所示。

镜头运镜的参考。可以参考一些自己喜欢的、运用相似技巧的影片的运镜方式，根据参考片减少拍摄时与摄影师之间产生的误会，如图4-15所示。

图4-13　　　　　　　　　　　　图4-14　　　　　　　　　　　　图4-15

　　人物服装的参考。可以搜寻相似题材的视频，参考其中的穿着风格以确定本片的穿着。拍摄有古韵古味的影片可以参照类似风格影片中的服装造型，如图4-16所示。注意参考时一定要多留意细节，并检查是否有遗漏。由于微电影创作中对细节的处理比较重要，因此在前期要做好视觉参考，这样才能确保视频拥有动人的细节，也才能让影片经得起考究。

图4-16

技巧提示

　　几乎所有的现场拍摄都会出现突发状况，如场地临时有变动、设备发生故障、天气突变和演员突发疾病等，现场导演一定要做好心理准备，并提高自身临场应变的能力。如果提前做好了视觉参考，在拍摄时就可以将重心向拍摄现场的工作倾斜，从而不会影响拍摄进度。

4.2.3 拍摄微电影需要的设备

　　做好剧本、场地和视觉参考等准备后就要动身拍摄了，那么拍摄时需要携带哪些设备呢？

　　摄影设备。可以使用电影机进行拍摄，也可以使用单反相机进行拍摄，如图4-17所示。例如，佳能的5D系列、索尼的微单A7系列。镜头可以使用一些定焦镜头，如50和35等焦段的。当然，随着手机功能的强大与用途的多样化，很多导演使用手机也可以拍摄出精良的微电影。

图4-17

　　笔记本。无论在哪里拍摄、拍摄到哪一步，随时记录都特别重要。这有利于日后对素材进行整理，以及掌握拍摄进度，避免遗漏拍摄环节。

　　麦克风。在微电影拍摄中，对声音的收录甚至比光线还重要。因为相机自带的麦克风收音能力有限，很难达到很好的效果，所以需要更专业的收音设备，指向性强的麦克风能精准地捕捉现场的台词及环境音，从而为后期减少很多再加工处理的麻烦。

　　内存卡。大容量的内存卡很关键。在拍摄时，有条件的设备要使用两张卡同时写入进行备份。因为微电影拍摄中可能会走很多个场景，拍摄大量的素材，所以内存卡一定要准备充足。

灯光。灯光要准备打光或补光设备，一方面可以避免天气带来的影响，另一方面可以在室内完成对光线的控制。

三脚架。三脚架可以有效稳定拍摄画面，是必不可少的设备。

监视器。一些用于拍摄的相机受自身条件的限制，只能透过取景器看现场，这样不仅不方便，也容易导致视觉传达不准确。而使用监视器，将大大减少这方面带来的困扰。

稳定器。稳定器同样是为了在拍摄时让画面更加稳定而存在的。

无人机。使用无人机进行航拍时，一定要在可拍摄的区域中拍摄，以保证安全。航拍素材多用于片头处，在正片中一般起过渡作用或用于表现场景、氛围。微电影中应尽量少使用大场景内容，因为大场景的场面交代过程较慢且不生动，难以靠细节吸引观众。

4.3 利用分镜头脚本提升效率

在拍摄前，还需要注意一个比较关键的环节——撰写分镜头脚本。分镜头脚本就好比建筑的图纸、开车时的导航，可以确保拍摄少走弯路。

4.3.1 分镜头脚本

创作微电影必须有分镜头脚本，一方面它是前期拍摄的脚本，另一方面它也是后期制作的依据。如果没有分镜头脚本，则在现场拍摄过程中可能会出现不知道该拍什么的情况。制作分镜头脚本可以在前期通过想象得出影片最终呈现的效果。

分镜头脚本分为文字分镜头、截图分镜头和手绘分镜头。

文字分镜头：简单、方便，通过文字的方式描述需要拍摄的画面、景别和运镜等内容。文字分镜头虽然看起来并不直观，但是不需要任何参考，它是在短时间内或预算不足的情况下行之有效的一种分镜头模式，一般在个人创作中经常用到，如图4-18所示。

《一间客栈》分镜头

镜号	场景	景别	拍摄内容（画面）	镜头角度	运动方式	持续时间	旁白内容	背景音乐	备注等
1	室内家中	全景	掌柜在倒茶	侧前方	固定镜头	5s	这里是一间客栈，不收银钱，只收物件	XXX	
2	室内家中	中景	掌柜在倒茶	俯拍	手持	3s	我是掌柜清浅	XXX	

图4-18

截图分镜头：通过各个视觉化的截图，为拍摄者提供更加直观的拍摄信息。使用截图分镜头，在拍摄时无论是对构图还是对画面中的人物站位角度都会一目了然，从而为现场拍摄提供更多的方便，但在前期设计脚本时需要寻找大量影片，较为费时费力，如图4-19所示。

手绘分镜头：使用手绘的方式呈现分镜头的内容。手绘分镜头在小成本制作中使用较少，传达的效果比较直观，能够明确体现出导演的想法，也可以通过画出的光影表达想要的光线。创作的手绘分镜头有简易的和带有色彩的彩绘分镜头两种，如图4-20所示。

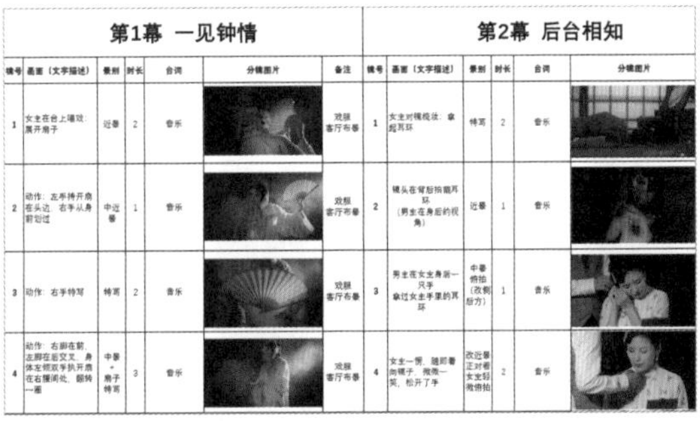

第1幕 一见钟情

镜号	画面（文字描述）	景别	时长	台词	分镜图片	备注
1	女主在台上唱戏：展开扇子	近景	2	音乐		戏服 客厅布景
2	动作：左手持开扇在头边，右手从身前划过	中近景	1	音乐		戏服 客厅布景
3	动作：右手特写	特写	2	音乐		戏服 客厅布景
4	动作：右脚在前，左脚在后交叉，身体左倾双手执开扇在右腰间处，翻转一圈	中景+扇子特写	3	音乐		戏服 客厅布景

第2幕 后台相知

镜号	画面（文字描述）	景别	时长	台词	分镜图片
1	女主对镜梳妆：拿起耳环	特写	2	音乐	
2	镜头在背后拍戴耳环（男主在身后的视角）	近景	1	音乐	
3	男主在女主身后一只手拿过女主手里的耳环	中景俯拍（改侧后方）	1	音乐	
4	女主一愣，随即看向镜子，微微一笑，松开了手	改近景正对着女主轻微俯拍	2	音乐	

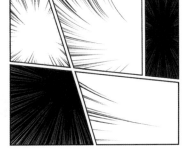

图4-19

图4-20

除以上分镜头外，有时为了追求更好的效果还会设计一些动态分镜头，这样可以将语言描绘得更精准。根据这样的分镜头，可以对视频素材进行重新剪辑，也可以在拍摄前感受到要拍摄的视频节奏。单纯的微电影创作中很少使用这类分镜头，更多使用文字分镜头和截图分镜头。

4.3.2 写好分镜头脚本

写好分镜头脚本可以提高前期拍摄的效率，让拍摄更有计划性；同时也能让团队其他人快速明白导演的思维和想法，进而节省沟通的时间和精力。那么我们该如何写好分镜头脚本呢？

在预算经费有限的情况下，常用的、方便的和快捷的一种分镜头脚本就是文字分镜头。文字分镜头就是对剧本的每一句话进行具体的描述，也可以使用文字的形式视觉化剧本中的内容。分镜头脚本主要由镜头号、场景、景别、拍摄内容（画面）、镜头角度、运动方式和持续时间等构成，有时还会加上旁白内容、背景音乐、备注等，如图4-21所示。

镜头号： 序号，在现场拍摄时可以直接喊出拍摄第几号镜头。

场景： 设计的镜头在什么场景中拍摄。

《无梦徽州》分镜头							
镜号	场景	景别	拍摄内容（画面）	镜头角度	运动方式	持续时间	备注等
1	院子里	全景	女侠坐到椅子上倒茶	前方	手持	5s	
2	院子里	近景	女侠拿起桌子上的杯子	正前方拍摄	手持	3s	
3	院子里	近景	女侠倒茶	背后俯拍	手持	3s	

图4-21

> **技巧提示**
>
> 当剧情和场景比较复杂时，如果能通过分镜头场景的标注，把同一地点的不同场戏的内容拍摄完成再去下一个场景，就能节约时间成本，提高拍摄效率。

景别： 远景、全景、中景、近景、特写、大特写和大远景。
拍摄内容（画面）： 在镜头中想要拍摄的内容。
镜头角度： 拍摄时的仰拍、俯拍、侧拍和正面拍等角度。
运动方式： 固定镜头或运动镜头，如果是运动镜头要写明运动方式，包括推、拉、摇、移和跟等。
持续时间： 镜头的持续时间。

4.3.3 设计和使用分镜头脚本

前两个小节介绍了如何写分镜头脚本。本小节将介绍如何设计分镜头并高效地使用分镜头脚本。

对于一个行为或动作如果只是用一个镜头表现，那么表现方式会太过单一，且会忽略很多细节，这时可以通过分段的分镜头设计，强调动作的连贯性和视觉的观赏性，从而实现多步骤表现。

短片《一间客栈》中，在客人和掌柜之间切换不同的角度和机位，展现出更丰富的画面，从而更细腻地表现出人物的情绪、表情状态和场景之间的关系，如图4-22所示。

《一间客栈》分镜头									
镜号	场景	景别	拍摄内容（画面）	镜头角度	运动方式	持续时间	旁白内容	背景音乐	备注等
1	室内家中	全景	掌柜在倒茶	侧前方	固定镜头	5s	这里是一间客栈，不收银钱，只收物件	×××	
2	室内家中	中景	掌柜在倒茶	俯拍	手持	3s	我是掌柜清浅	×××	
3	室内家中	近景	正在倒茶时一把剑突然拍在桌面上	正面	固定镜头	3s			
4	室内家中	中景	掌柜看向这把剑	正面过客人的肩拍掌柜	固定镜头	4s			
5	室内家中	全景	掌柜拿起剑说："我认得这把剑。"	侧前方	固定镜头	2s			
6	室内家中	近景	掌柜将剑拿起说："听闻得此剑者可号令天下。"	正前方	固定镜头	4s			
7	室内家中	近景	客人看着掌柜说："认得就好。"	正面过掌柜的肩拍客人	固定镜头	5s			

图4-22

镜号1如图4-23所示。
镜号2如图4-24所示。
镜号3如图4-25所示。

镜号4如图4-26所示。
镜号5如图4-27所示。
镜号6如图4-28所示。
镜号7如图4-29所示。

| 图4-23 | 图4-24 | 图4-25 |

图4-26　　　　　图4-27　　　　　图4-28　　　　　图4-29

　　当拍摄内容的主体过于单一时，由于只能将主要镜头对准同一被摄主体，因此可以采取不同景别对主体进行拍摄，同时通过不同的拍摄距离或使用不同的焦段来区分画面的景别。第1章中已经详细地介绍了每种景别的具体用法，下面就根据介绍的方法来设计景别的使用。

　　短片《无梦徽州》中的女侠在院子里喝茶的场景，就是通过一系列景别切换来具体讲述人物与环境的关系的。

　　在分镜头的设计中要遵循"30°原则"，一般情况下相同景别、机位的两个镜头不能组接在一起，如果组接在一起则观感会很不顺畅。所以在写分镜头脚本时需要注意相邻两个镜头的组接，并使用不同景别或不同机位，如图4-30和图4-31所示。

《无梦徽州》分镜头						
镜号	场景	景别	拍摄内容（画面）	镜头角度	运动方式	持续时间	备注等
1	院子里	全景	女侠坐到椅子上倒茶	前方	手持	5s	
2	院子里	近景	女侠拿起桌子上的杯子	正前方拍摄	手持	3s	
3	院子里	近景	女侠倒茶	背后俯拍	手持	3s	

图4-30

图4-31

技术专题：简单的镜头组接

如果一开始还掌握不好镜头之间的组接，可以使用比较简单的"景别递进式"组接方法，先拍远景（或全景），再递进到中景（或近景），最后递进到近景（或特写），如图4-32所示。

图4-32

4.4 拍出电影感

在拥有了分镜头脚本后，就可以开始拍摄了。一部高质量的微电影对拍摄也有特殊要求，即要拍摄出"电影感"，让影片更有质感。本节将讲解如何拍出电影感。

4.4.1 必须学会设计镜头

要拍出电影感，就要学会在不同的场景设计不同的镜头来达到想要的效果。在拍微电影时运用以下5种拍摄手法，就可以拍出电影感。

渲染环境。由于微电影时长较短，因此镜头的设计一般会快速地交代环境、地点和时间等大背景，让观众迅速融入剧情中。这时需要设计出渲染环境和气氛的镜头，通常采用远景和全景的方式大面积表现空间，如图4-33所示。用广角拍摄一个远景镜头，让观众第一时间明确环境和地点，同时被演出场地肃穆的氛围带入而置身其中。

突出主角。在交代完大背景后，要开始突出人物。在主要人物首次出场时通常会用近景或特写进行交代，这样既可以让观众看清人物，也容易让观众记住人物，如图4-34所示。

讲述故事。在讲述故事的过程中可以用中景进行表达。在影视作品中，中景镜头很常见，特别适合讲故事。在微电影拍摄过程中可以采用更多的中景叙事，如图4-35所示。

图4-33 图4-34 图4-35

交代关系。在多人物关系下，如果画面中出现两个人，则需要通过关系镜头建立人和人之间的关系，有时候也需要建立人和物、环境的关系，否则单纯拍摄人物会错误地表达他们之间的关系。在微电影拍摄过程中可以选用过肩或部分全景来交代关系，如图4-36所示。

表现情绪。 之前提到在微电影的创作过程中要尽量避免过多使用大场景，要善于捕捉细节，通过特写来放大细节，如图4-37所示。

图4-36   图4-37

4.4.2 微电影拍摄也能套公式

无论是短视频平台流行的视频短剧，还是微电影或电影，都离不开主观镜头与客观镜头的交替使用。在长期的拍摄过程中总结出主观镜头与客观镜头之间的交替方法，能让视频创作变得更加轻松和便捷，也能让观众的观影体验更好。本小节就来介绍镜头使用原则"三镜头法"。

在介绍"三镜头法"前，先来了解一下什么是主观镜头、客观镜头、半主观镜头和半客观镜头。

镜头1： 女主角向男主角走去，此时相机跟随人物主体进行摇动，以第三人称视角拍摄表现女主角的行为，这个镜头称为客观镜头，现场拍摄情况与呈现的效果如图4-38所示。

镜头2： 在男主角后方过肩拍摄女主角，表现女主角的行为，这个镜头称为半客观镜头，现场拍摄情况与呈现效果如图4-39所示。

图4-38   图4-39

镜头3： 在女主角的后方过肩拍摄男主角，表现男主角的行为举止，同样是半客观镜头，现场拍摄情况与呈现的效果如图4-40所示。

镜头4： 将相机放置在男主角的位置上，用男主角的视角去拍摄女主角，这个镜头称为主观镜头，现场拍摄情况与呈现的效果如图4-41所示。

图4-40   图4-41

镜头5： 将相机放置在女主角的位置上，用女主角的视角去拍摄男主角，同样是主观镜头，现场拍摄情况与呈现的效果如图4-42所示。

镜头6： 将相机放置在远处，再次用客观的视角拍摄男主角和女主角的动作与行为，现场拍摄情况与呈现的效果如图4-43所示。

图4-42 图4-43

这6个镜头包含客观镜头、主观镜头、半客观镜头，互相轮换就构成了交代剧情的主要方法，也是微电影中使用较多的镜头语言。遵循主观、客观和半客观三镜头法则，就可以完成部分情节的拍摄，如图4-44所示。

图4-44

技巧提示

不同镜头是不同机位之间的转换拍摄，看似是角度和景别的区别，其实是拍摄视角的区别。在微电影创作中一定要采用主观镜头、客观镜头和半客观镜头相结合的手法，如果一味地使用客观镜头、第三人称视角拍摄会让观众产生距离感，而适当加入一些主观镜头，会让观众进一步带入情绪，站在剧中人物的视角上想象剧中的情节，看待剧情的发展。

4.4.3 用光线讲出好故事

摄影是用光的艺术，光是摄影造型的生命。在影视创作中合理使用光线，同样是一件非常重要的事情。只有运用好光，才能塑造出更立体的人物形象，渲染出更浓厚的环境氛围，以及拍摄出更唯美生动的画面。本小节将讲解如何运用光线讲出好故事，如图4-45所示。

在影视创作中有以下5种光线类型，按照它们的重要程度进行排列，并介绍如下。

主光。顾名思义，主光就是拍摄中的主要光源，能将拍摄的主体照

图4-45

亮。一般主光与被摄主体呈30°~45°夹角。如果拍摄时只存在主光，那么受光的这一面会很亮，光照不到的位置会很暗，可以表现强烈的反差。

辅助光。如果拍摄的视频主题需要很柔和的光线，不需要太大的反差，可以在拍摄时增加一个辅助光。虽然辅助光在主光的另一侧，位置也是与被摄主体呈30°~45°夹角，但是由于亮度不同，所以光线的效果也不同。一般主光与辅助光之间的光比为2∶1，也就是说主光的灯具功率要比辅助光大，或者说辅助光与被摄主体的距离比主光远。这样不仅会存在明暗对比，还会显得很柔和。

　　轮廓光。轮廓光通常在被摄主体的后方，即直接从被摄主体的背后打光，这样能够更好地区分被摄主体与环境，同时会让主体的边缘存在一圈光环。

　　背景光。背景光是用来照亮背景的光源，如果拍摄时背景中没有发光的物体，就会显得暗。打一个背景光，是为了让背景更加明显。

　　修饰光。修饰光是为了修饰局部的细节而存在的，通常用来修饰主要人物。它会通过细微的光线来掩盖瑕疵，让人物形象更加完美。常用的修饰光是眼神光，用微弱的光线将眼睛照亮，会显得人物的目光炯炯有神。

　　虽然使用以上5种光线会让拍摄出的主体更加完美，但是在成本较低的微电影创作中通常很难做到5种光线都使用，这时可以按照重要程度来依次选择光线，其中前3种光线组合在一起是非常重要的一种布光方式，如图4-46所示。

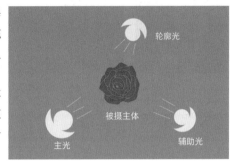

图4-46

4.4.4 营造电影感的布光技巧

　　本小节将介绍5种具体的布光方式，这5种方式在影视作品中经常使用，能很快营造出电影感。值得一提的是本小节所讲述的布光方式对器材的要求并不高，所以它们很适合微电影的创作。

　　伦勃朗光。使用这种用布光方式拍摄的人像酷似伦勃朗·哈尔曼松·凡·莱因（Rembrandt Harmenszoon van Rijn）的人物肖像绘画，如图4-47所示。这是一种非常自然的灯光，通常用在日常生活、讲述故事和人像中。拍摄时被摄主体脸部阴影一侧对着相机，灯光照亮脸部的3/4。这种光线着重日常化，会让观众着重关注剧情和人物本身，不会被其他氛围吸引。因为人的脸上存在阴影，所以在表现人物时采用这种光线会让人物更加立体，有很强的电影感，如图4-48所示。

　　蝴蝶光。蝴蝶光也称为派拉蒙光，它的主光源在镜头光轴上方，由上向下呈45°方向投射到人物面部，看起来像蝴蝶一般，能为人脸增加层次感，也能让人脸的两侧显得瘦一点，所以在为女性人物打光时经常会使用这种光线，如图4-49所示。

图4-47

图4-48

图4-49

　　侧光。灯光从人物侧面照射过来，让人物一边暗一边亮。这种灯光会表现出很强的戏剧性，在悬疑片中被大量使用，在塑造戏剧性非常强的人物时也会使用，有时还会营造出一些神秘感，如图4-50所示。

　　顶光。在人物头顶上布光，这种布光方式会让人物的额头、颧骨、鼻子、上唇和下巴尖等凸起部位被照亮，而眼窝、颧骨下方和鼻下等凹处显得较暗。这样的灯光能够很好地衬托出氛围，如图4-51所示。

　　逆光。在人物后方布光，这种布光方式能较好地勾勒出被摄主体的轮廓，增强被摄主体的质感，营造出不同的氛围。在日出、日落时可以通过逆光拍得到剪影效果，如图4-52所示。

图4-50

图4-51

图4-52

4.4.5 展现不同风格的视听语言

不同的镜头会呈现出不同的拍摄效果，本小节将介绍如何使用不同焦段的镜头来呈现出想要的效果。镜头焦段可以分为广角镜头、中焦镜头和长焦镜头，如图4-53所示。

广角镜头是指镜头焦距在35毫米以下的镜头，会将视野变大。正常人的视角大约为40°，类似50毫米镜头的视角距离。广角镜头可以扩展到76°以上，这样能更广地展现环境中的内容，尤其是在狭小的空间内能更好地交代更多的环境内容，如图4-54所示。

中焦镜头是指镜头焦距在50毫米左右的镜头，能拍摄出比较接近人眼的视角，非常适合拍摄中景。中景是影视作品中运用较多的景别，通过中景可以很好地展现人物的肢体动作，也有助于观众看清人物的表情。画面中人物的占幅适中，使用中焦镜头可以更好地叙述故事，如图4-55所示。

图4-53

图4-54

图4-55

技巧提示

由于中焦镜头的拍摄视角与人眼的视角相似，所以其记录性比较强，呈现的内容比较客观，但画面过于平淡，缺少戏剧性和冲击力。

长焦镜头是指镜头焦距在85毫米以上的镜头，一般用来展示特写和近景，能将需要用镜头强调的内容更好地展现出来。例如，眼神和动作的特写，或者某个特定物品的特写，特写部分的内容所传达出的情绪也会被放大，如图4-56所示。例如，当拍摄钟表特写时会传达时间流逝这种特定情绪，有时也会暗示某个特定时间，让观众印象深刻，如图4-57所示。在对话中使用特写不断推进时，会将对话的情绪逐渐推向高潮。

图4-56

图4-57

长焦镜头有压缩空间的作用，会让人物后方的背景与人物靠得更近。例如，使用广角镜头拍人和驶来的车，会显得车离人较远，如果用长焦镜头拍摄人和车，则会给人一种很强的视觉冲击力，如图4-58所示。

图4-58

当选择用不同焦段的镜头拍摄同一画面时，也就意味着要呈现出不同的视听效果。当选择用广角镜头拍摄画面时，就意味着要表达人与环境或人与人之间的距离感。例如，当拍摄两人对话时，如果要传达两个人离得很

远或两人有隔阂、陌生、强势对弱势等信息，可以使用广角镜头，如图4-59所示。用广角镜头拍摄两人对话，可以使用16~35毫米的镜头。同样是拍摄两人对话，使用长焦镜头则会提升两人的亲密感和信任感，如图4-60所示。

图4-59　　　　　　　　　　　图4-60

当拍摄单个人物时，使用广角镜头会让人物显得渺小，如图4-61所示。与此相反，使用长焦镜头拍摄则会拉近人与人、人与物或环境的距离，如图4-62所示。所以，当使用长焦镜头拍摄人物移动时会增强运动的速度感。

图4-61　　　　　　　　　　　图4-62

4.5 剪出电影感

在完成了脚本创作、前期准备和拍摄后，如何对较多的素材进行后期剪辑，运用巧妙的镜头语言呈现精彩的故事呢？本节将介绍如何通过剪辑让微电影创作更具电影感，更吸引观众。

4.5.1 剪辑思维

剪辑思维是指在后期剪辑时通过镜头的组接和调度来讲好故事的思维。

在剪辑前，首先需要熟悉素材，然后需要明确受众。也就是说，在面对大量的素材时要知道观众是什么人群、他们喜欢看到什么样的影片，只有知道最终要将影片呈现给谁看，才能更好地运用素材。

不一定每时每刻都要顺着观众的情绪进行剪辑，有时也需要逆着观众的情绪进行剪辑。这就需要在剪辑时拥有良好的镜头感，既要让观众感受到镜头直接组接得很舒服，又要让观众看到意想不到的组接效果。

如何才能拥有剪辑思维，培养出良好的镜头感，像优秀的剪辑师一样剪辑出优秀的影视作品呢？比较好的训练方法就是通过"拉片"来不断地提高剪辑能力。

拉片指反复观看经典影视作品的一个个镜头和一个个画面来获取灵感。在观看时可以记录所看的内容，详细拆分镜头的景别、角度、运镜方式、场面调度、剪辑手法和声音处理，甚至包括演员的表演、画面的色彩等，以便更好地分析每一个帧表达的内容。尤其是对有特点、优秀且经典的影片进行拉片时，可以大幅提高自身的剪辑和创作水平，以及视听语言能力。拉片时可以制作一个拉片单来记录和分析影片，如图4-63所示。

《*****》电影拉片单											
上映时间		导演		编剧		主演		摄影		拉片理由	
镜号	画面内容	持续时间	运镜方式	景别	视角	视点	人物	造型特点	环境特点	画面声音	深层含义

图4-63

> **技巧提示**
>
> 对于刚接触影视行业的创作者、剪辑者来说，拉片时不一定要将一部电影全部看完，这样可能会让其感到枯燥，很难坚持下去。这时可以从自己喜欢的某个片段，或者某个影视经典桥段开始，由简入繁、循序渐进。

4.5.2 在Premiere中实现自动剪辑

在Premiere中可以通过"场景编辑检测"功能实现自动剪辑，将一部影片自动分为单个镜头，这样既便于创作者找到想要的素材，又能更好地实现拉片。通过镜头分离来单独对每个镜头进行分析，这种方法也适用于初期对影视分镜头脚本创作时进行素材拼接。

在Premiere的"时间轴"面板中选择素材，单击鼠标右键并执行"场景编辑检测"菜单命令，如图4-64所示。使用"场景编辑检测"功能可以自动获取剪切点，在弹出的"场景编辑检测"对话框中会出现3个复选框，根据需要进行设置即可，如图4-65所示。这个功能可以帮助创作者或剪辑者实现拉片和总结记录。

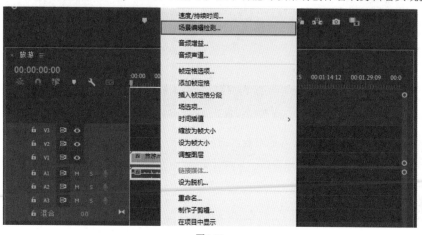

图4-64

图4-65

在每个检测到的剪切点应用剪切： 勾选该复选框后，系统会分析素材并在检测到场景中发生变化时自动剪切。

在每个检测到的修剪点创建子剪辑素材箱： 勾选该复选框后，系统会在原始源剪辑（此前称为主剪辑）旁边创建一个新的素材箱，其中的子剪辑起点位于源剪辑的起点处、终点位于剪切点处，接下来的另一个子剪辑范围则是从剪辑的下一段到下一个剪切点处，以此类推。

在每个检测到的剪切点生成剪辑标记： 勾选该复选框后将添加剪辑标记，而不是直接剪切。

4.5.3 6个剪辑技巧

第1章介绍了有关剪辑的逻辑、镜头组接的技巧和轴线原理。如果可以准确熟练地掌握之前介绍的技巧，就可以实现正常的剪辑。在长视频的创作中，以下6个技巧可以让叙事变得更流畅。

技巧1：在眼睛出画时剪辑。在拍摄人物有入画、出画的镜头时，将人物的眼睛作为参照物，当眼睛出画时可以剪辑该动作的镜头，用来组接下一个镜头。

> **技巧提示**
>
> 在剪辑带有人物入画、出画的镜头时，一定要保持方向的一致性。例如，前一个镜头从右边出画，后一个镜头则应从左边入画。

技巧2：色彩跳跃不宜过大。在挑选素材时，除非场景转换，否则前后两段素材的色彩跳跃不宜过大。由于拍摄的素材可能不在同一天或同一个时段，因此所处的环境光线会发生变化，这时就需要通过调色来统一色调，避免出现跳跃感，否则会让观众出戏，如图4-66所示。

图4-66

技巧3：与音乐融合但不要"踩点"。长视频的剪辑有别于短视频，声音要与画面相融合，但不是跟着音乐的节奏去对应画面。即使有一段画面只是一段空镜头，也应尽量避免将这段画面与音乐节奏完全对应，否则这样的"踩点"效果过强，会让长视频失去故事性。

技巧4：在剪辑时要建立空间关系。在进行视频剪辑时，如果出现的人物较多，则一定不要忘记对人物之间的空间关系进行交代，这样才不会让观众感觉混乱。例如，3个人在对话，如果都给特写、近景这样的主观镜头，会让观众越看越混乱，这时如果先交代环境，为3人建立一个空间关系，就会让观众很明了。又如演讲素材中需要先交代演讲人物，然后交代观众情况，最后交代演讲人和观众之间的关系，如图4-67所示。

图4-67

> **技巧提示**
>
> 当有人物进行偷看或偷听时，一定要在适当的时间点加入表达空间关系的镜头，让观众更加明白此时的情节。

技巧5：适时停顿增强节奏感。在微电影的创作中，大部分时间的播放速度都是正常的，如果在某一个瞬间突然放缓节奏或停顿，让节奏出现明显的变化，则会让观众的注意力在这段时间内突然集中。例如，人物在一连串的连贯动作后，突然停止动作，又如对话情节中，在一连串的紧张逼问期间突然插入钟表的特写，随后再给人物一个特写，会让观众的情绪一下子变得紧张起来，同时也可以引入新的线索。

技巧6：突然的变化带来震撼。无论是长视频还是短视频，创作者比较担心的都是过于平淡，可以适时在影片中加入一些变化，给观众不一样的视觉体验。这种变化可以是时间上的变化，突然变快或变慢，也可以是景别上的变化。例如，在一连串特写镜头之后突然给大全景，或者在一连串全景、中景后突然给大特写。如一个人徒步的大远景组接人物走路的特写，节奏的明显变化会给人带来震撼感，如图4-68所示。

图4-68

4.5.4 微电影中的转场让叙事更紧凑

第1章和第3章介绍了很多关于转场的内容，不乏一些常用的转场方法和一些比较酷炫的方法技巧。本小节将具体讲述在微电影创作中3个经常使用的巧妙转场技巧，它们一方面会给拍摄的影片在后期增添许多电影感，另一方面也会让故事的叙述风格变得更加紧凑。

· 相似转场

相似转场是将一个场景的内容通过相似的动作、景别等直接与另外一个场景的内容组接，前提是前后两个场景讲述的故事存在关联性，即前后两个场景中需要有一个相同或相似的内容。

例如，要描述的场景是主角在办公室加班，忙碌到深夜后终于结束了一天的工作，然后主角起身回家，回到家中后看见家人已经熟睡。如果按照正常的叙述，需要拍摄关闭计算机、关灯、关门，然后打车、上车、到家、开房门，最后开灯、看到家人熟睡这一连串的动作，这会占用很大的篇幅，并交代大量和剧情无关的信息，如图4-69所示。

图4-69

这里就可以使用相似转场，在办公室拍摄关灯的动作，在家里拍摄开灯的动作，利用一开一关的相似动作进行转场，巧妙地过渡，将中间冗长的部分省去，这样会让观众觉得内容是连贯的。拍摄下班关灯后屋内变黑，再打开家中的灯直接交代人物已经回到家中，如图4-70所示。

图4-70

类似的情况有很多，如上一个场景将家中的水杯放下，下一个场景将酒店的酒杯举起，代表着人物已经离开家并到了聚会的宴席上。

这种转场方式非常适用于回忆场景中，如前一个场景是妈妈给儿子夹菜，后一个场景是妈妈回忆小时候，在桌上吃菜时姥姥给妈妈夹菜。通过相似的动作或相同的景别，直接将故事拉回到妈妈的小时候。也可以采用更简便的方法，妈妈在沙发上坐着，听到有人敲门，一回头看向门，便把镜头转换到妈妈小时候生活的农村小院的木门，姥姥推门进来，直接将故事拉回到过去。

- **突然剪辑**

突然剪辑经常用在前一个画面是嘈杂或混乱的场景中，突然停下音乐或音效，紧接安静的特写镜头来过渡。例如，要描述公司聚会的热闹场景，人们在欢快地唱歌、跳舞，活动结束后主角独自一人离开，表达绚烂后终归于平淡。

如果按照正常的叙述顺序，需要先拍摄公司聚会的热闹画面，然后是人群渐渐散去，最后是主角与同事告别向地铁站走去，这时发现地铁站放出了"地铁已停运"的指示牌。这里可以使用突然剪辑的手法，前一个场景还在描述聚会中的热闹喧嚣，后一个镜头直接给地铁指示牌一个特写。从热闹到安静，虽然这个转场很突然，但是并不会让观众觉得突兀，反而能紧紧跟随导演的节奏，期待接下来发生的故事，如图4-71所示。

图4-71

> **技巧提示**
>
> 类似的转场在影视作品中会经常用到，这里涉及一个转场技巧：在两个场景进行转换时，通常会将后一个场景中的一组特写镜头与前一个场景的内容进行组接。

- **震撼转场**

震撼转场与突然剪辑类似，区别在于震撼转场中前一个画面出现的内容会更加震撼。例如，爆炸、开枪和撞车等场面，而组接的后一个画面往往是从睡梦中惊醒或从一个安静的状态下突然睁开眼睛。

以上转场技巧能让视频看上去更加紧凑，也能让视频看上去更有设计感、电影感，还能牢牢地抓住观众的心理。

4.6 被忽视的声音

视频创作新人往往会更多地关注剪辑的顺畅、构图的和谐、光线的唯美，而忽视影视作品中声音的重要性。真正优秀的影视作品，其声音也是很优秀的。本节将讲解容易被人们忽视的"声音"。

4.6.1 用声音增强观众的代入感

通常来说，一段视频中会存在4层声音，分别是环境音、音效、人声和背景音乐。在剪辑时，最先要考虑的是环境音。环境音就是视频中出现的场景周围环境的声音，它会让观众有身临其境的感觉，让视频更加真实，让观众更有代入感。例如，场景是机场，环境音就包含飞机起飞、机场播报和人流嘈杂的声音。

在视频剪辑中可以使用拍摄时的真实环境音，也可以在网络上找到相关环境音的素材，将它添加到音轨上。环境音不一定只有一种，在剪辑时可以添加多种不同的环境音，以产生更真实的环境氛围。

实例：制作街道音效

素材位置	素材文件＞CH04＞实例：制作街道音效
实例位置	实例文件＞CH04＞实例：制作街道音效
教学视频	实例：制作街道音效.mp4
学习目标	学习如何匹配音乐与视频

扫码看效果

在视频中修改和添加音效比较简单，只需要开动脑筋进行想象，接着加入适当的音乐即可。例如，在街道中可以使用环境嘈杂的车流穿梭的声音，添加思路如图4-72所示。

01 将"素材文件＞CH04＞实例：制作街道音效"文件夹中的"93042.mp4""车辆鸣笛.wav""人走路声音.wav""红绿灯提示音.wav"4段素材导入"项目"面板中。在视频素材上单击鼠标右键并执行"取消链接"菜单命令，如图4-73所示。删除视频中自带的音频，将车水马龙的环境音"车流穿梭.wav"拖曳到A1轨道上，如图4-74所示。

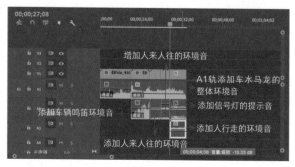

图4-72

图4-73

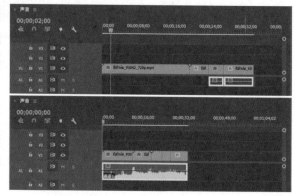

图4-74

02 在视频切到第2个镜头时使用"剃刀工具" 将音频分为两段，在第2段音频素材上单击并向下拖曳白色横线调节音量，如图4-75所示。由于切换了视频画面，所以环境音也需要修改。降低第2段音频的音量，把低声音的环境音作为整段视频的铺底音，无论视频怎样切换、音频怎样添加，有了这个环境音后都会让视频变得连贯。

图4-75

03 将"车辆鸣笛.wav"拖曳到A2轨道上，添加车辆鸣笛的环境音，使其与第2段素材的长度对齐，在A2轨道素材的结尾处单击并拖曳，将素材和对应的画面相匹配，如图4-76所示。

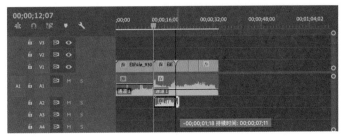

图4-76

04 由于下一个画面是人行走的画面，因此可以添加人来人往的行走音效。将"人走路声音.wav"拖曳到A2轨道上。因为下一个镜头是人过马路时的特写，所以使用"剃刀工具"将"人走路声音.wav"音频在画面转换处剪辑，并将切开后的音频声音放大，如图4-77所示。因为镜头拉近了，所以音量也要随之升高。

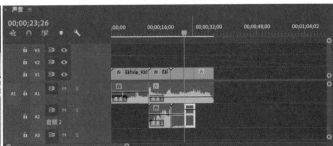

图4-77

05 下一个镜头是信号灯的特写，将"红绿灯提示音.wav"拖曳到A2轨道上。同时，在A3轨道上继续添加人行走的声音"人走路声音.wav"并稍微降低音量，如图4-78所示。所有声音添加后进行整体微调，制作声音近大远小效果，调整后的环境变得更加真实，也增强了观众的代入感。添加音频的思路如图4-79所示。

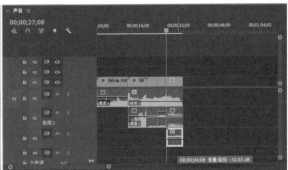

图4-78

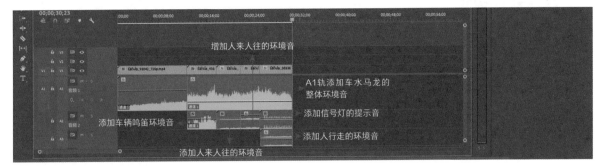

图4-79

4.6.2 学会为动作拟音

环境音能够让观众有身临其境的感觉,如果加入拟音则会让画面变得更加真实。在影视工作中,拟音师可以模仿一些现场动作的声音,以便用于画面中,让画面更加真实。例如,倒水的声音、走路的声音、切菜的声音等,如图4-80所示。

获得拟音的简单方法是在网上下载相关的音频素材。当找不到相关素材时,可以通过实景模拟来获得相关拟音的音频。例如,倒水的声音,就可以根据真实情况进行模拟,如图4-81所示。

图4-80   图4-81

如果一些场景没有办法进行实物模拟,这时可以根据声音的相似性,找到其他发声物品代替。例如,汽车刹车时发出的轮胎磨地的声音,可以通过用胶皮与地面摩擦来获得类似的音效。又如,可以通过录制掰断芹菜的声音来模拟骨折的声音。

4.6.3 加入音效提升氛围

音效是指由声音所制造的音频效果,它是添加在原有声带上的一些特有的"杂音",能进一步增强视频整体的气氛,在转场时会经常使用。例如,两段视频在转换时加入一个"whoo"音效,会让视频转场的氛围感更强。

以上一个实例为例,如果要将城市中的一组镜头切换到大草原镜头中(见图4-82),由于两个场景不同,因此可以加入一个音效辅助转场。

图4-82

由于第2段素材中存在风车元素，因此可以选择一个带有风声的音效，放在两段视频的中间，为视频转场提升整体的氛围感，如图4-83所示。

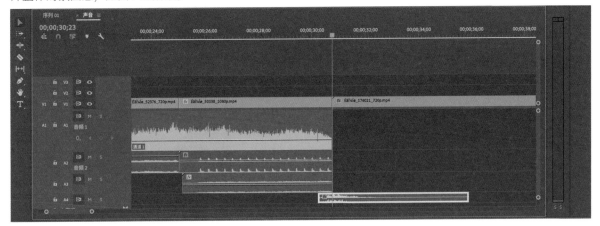

图4-83

如果不进行转场而要突出某种效果，也可以在原有的声音设计基础上添加带有氛围感的音效，如图4-84所示。例如，添加心跳的声音、秒表的声音，为此时的环境增添紧张的氛围感。加入一段心跳环境音后，整个视频伴随着信号灯的读秒会产生一种紧张感。

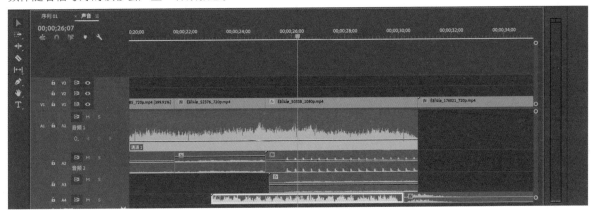

图4-84

4.6.4 选择背景音乐的思路

在视频创作的声音设计中，比较重要的环节就是选好背景音乐。本小节将讲解选好背景音乐的两种思路。

· 提炼关键词，搜索背景音乐

首先明确选择的背景音乐想要表达的内容，然后提炼出音频关键词，最后通过关键词在相关音乐软件中搜索，如图4-85所示。

图4-85

接着根据影片的视觉风格来确定音乐风格。例如，古风、现代、复古、科技等风格，选择对应的音乐风格即可。完成以上操作后，仔细聆听所选音乐的节奏适不适合要表达的段落剪辑节奏。

最后确定音乐所表达的氛围，不同的乐器会给人带来不同的感受，只有选择合适的乐器，才能更好地贴合要表达的氛围，如图4-86所示。

钢琴曲是较常见的配乐，大多数影片都会有钢琴的伴奏，也比较容易找到贴合主题的钢琴曲，因此在创作初期可以选择钢琴曲。小提琴曲是较好的突出情绪的音乐，如果细心观察可以发现影视作品中情绪达到高潮点前经常会铺垫小提琴曲。小提琴曲容易渲染感情，使观众落泪，也可以表达欢快的情绪。口琴和手风琴曲适合唤起观众的回忆，或者在影片中进行闪回时使用。这两种乐器本身就

图4-86

带有很浓的年代感属性。适时添加单簧管和小号的声音，能为影片增加令人惊艳的感觉。古筝、古琴相关的乐曲适合在古风影片中出现，或者在想表达古风韵味的时候添加。唢呐和琵琶是极具我国民族特色的乐器，唢呐和琵琶的声音会为影片增添民族特色。

- **通过相似影片寻找背景音乐**

例如，《无梦徽州》计划在徽派建筑场景中拍摄一部武侠短片，这时背景音乐就可以参考同样在安徽拍摄的经典武侠片《卧虎藏龙》的背景音乐进行选择。

大家平时需要多积累，寻找不同音乐给人的感觉，当要拍摄类似题材的作品的时候，就可以马上在大脑中搜索到相关音乐。可以通过音乐软件寻找"相似"音乐的功能，找到与影视作品背景音乐相似的音乐，或者找到背景音乐的创作人，来使用他创作的其他音乐。

不同音乐会带给人不同的感受，在初期创作时可以多尝试几种风格，以便激发更多的灵感。

4.6.5 剪辑音乐

本小节将讲解剪辑音乐的方法。

- **调整音乐长短**

在剪辑音乐时遇到比较多的问题是：找到的音乐素材的时间长短，与所用的视频的时间长短不匹配，有时视频的时间长，但音乐的时间不够，有时音乐的时间长，但视频的时间短。因此，需要学会调整音乐长短的方法。

将音乐剪短并不是在剪辑时随便将现有的音乐剪掉一段，这样会使视频变得很突兀，也会让观众觉得很尴尬，所以在剪辑时要遵循音乐的规律。一般一段完整的音乐会从起势到高潮再到结尾，构成一个完整的段落结构，这可以从音频的波形图中看出。

以一段流行音乐举例，首先波形较低也较为稀疏，然后逐渐变得高而密集，接着又变得低而稀疏，然后变得高而密集，最后持续降低。这就是"前奏＞高潮＞节奏＞副歌＞结尾"的段落走势，如图4-87所示。

图4-87

在这段音乐中，我们可以直接剪掉重复的节奏和副歌部分，将其变成"前奏＞高潮＞结尾"，以此来缩短音乐的时间。不仅可以将重复的副歌部分剪掉，其他部分只要存在旋律重复，也可以剪掉，只要剪辑后听起来自然即可。

直接保留第1段，删除第2段的重复部分，如图4-88所示。

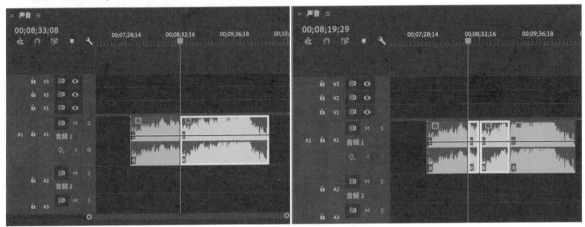

图4-88

将第1段的高潮部分直接组接在第2段的高潮部分，将中间部分删掉，如图4-89所示。

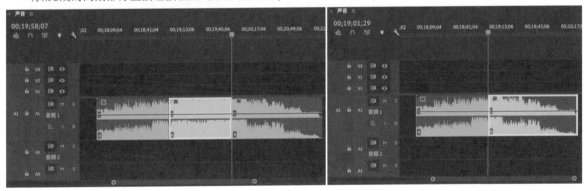

图4-89

技巧提示

使用相同的原理延长音频的播放时间，只需要将重复的段落再加以重复即可。

· 组接两段音乐

在长视频剪辑或微电影创作中，如果只选择一段音乐往往会比较单调，因此一般会选择多段音乐。有时视频节奏、场景、内容发生变化，音乐的风格也会发生变化。要使不同的音乐、不同风格的音乐过渡自然，可以使用以下3个剪辑技巧来实现。

技巧1：淡入淡出。这种技巧和视频的淡入淡出类似，第1段音频声音逐渐变小，第2段音频声音逐渐变大。首先在第1段音频的结尾处添加两个关键帧，将结尾音降低，然后在第2段音频的开始处添加两个关键帧，让音频声音逐渐变大，如图4-90所示。

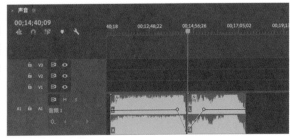

图4-90

129

技巧2：叠化过渡。 这种技巧与淡入淡出相似，只不过在第1段音频还未完全消失时，第2段音频的声音就已经逐渐变大了。首先在第1段音频的结尾处添加两个关键帧，将结尾音降低，然后在第2段音频的开始处添加两个关键帧，让声音逐渐变大，最后将两段音频递增与递减的部分重合，如图4-91所示。

图4-91

技巧3：加入其他声音。 在两段音乐中加入其他声音元素，这里的声音元素可以是环境音，也可以是转场音效，还可以是人声。首先在两段音乐中间保留一定的空帧，然后在空帧处加入放烟花的音效，通过烟花音效进行过渡，最后将前一段音频组接到后一段音频的情绪中，如图4-92所示。

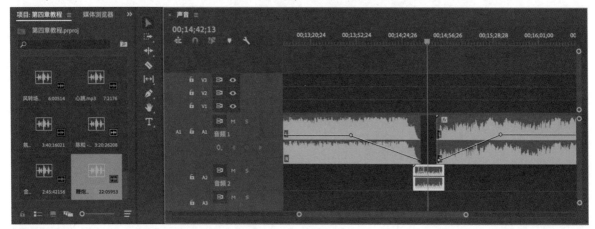

图4-92

技巧提示

在对两段音乐进行组接时，通常要避开高潮部分。如果在高潮部分突然将音乐切断，再组接下一段音乐，无论使用哪种方法，剪辑的痕迹都会很明显。

第 **5** 章 做个高水平的美食博主.

■ 学习目的

　　相信每个热爱生活的人都会对美食有着独到的理解，那么各位读者是否也想成为美食博主呢？本章将介绍美食视频的拍摄和剪辑方法等内容。

■ 主要内容

· 把美食视频拍出美感　　　　　　　　· 美食的幕后不仅仅是食材

· 把美食视频剪得更有韵味　　　　　　· 哪些后期技巧会为美食视频增色

5.1 安静且唯美地记录

食物是充满烟火气的东西，能够让人感受到家的温暖。本节将通过前期设置、布局、构图和光线等让画面呈现出安静、美好的感觉，并且利用视觉画面和声音，让观众在体验美味的同时能获得一份温暖。

5.1.1 相机的设置与画面构图

在拍摄前要对相机进行简单的设置，让它更适合拍摄美食，而掌握构图原则是拍摄出好看的美食视频的前提。

• 相机的设置

要想拍摄出好看的美食视频，首先要对相机进行微调。

增加饱和度。 食物本身色彩丰富，增加饱和度使其色彩鲜明，可以让食物看起来更诱人，从而达到增加食欲的效果。

提高色温。 暖色更能给人温馨的感觉，提高色温，可以让画面看起来温暖、清新。

减小差值。 减小对比度和锐度，可以让画面看起来更清新，也更方便后期进行调节。

• 画面构图

拍摄美食视频一定要学会构图，让视频中的食物看上去更诱人。

背景不要太杂乱。 背景元素过多、桌布太花哨都会喧宾夺主，让人无法专注在主体食物上，如图5-1所示。主体正后方画面要保持干净，不要摆放颜色鲜明的物体，同时应选择低饱和度、素色的桌布。可以通过构图展现画面的简洁感和秩序感，排除画面内与美食无关的任何元素，如图5-2所示。

图5-1

图5-2

特写展现美食。 特写镜头更容易表现美食的诱惑力，而且没有其他干扰元素存在，能够使画面看上去更干净。如果拍摄场地较杂乱，使用中景拍摄就会让画面显得凌乱，主体不明显，而使用特写镜头能够避免画面中出现不必要的物品，使主体更突出，画面也更干净，如图5-3所示。

图5-3

美食视频的构图特点。 掌握构图技巧可以为美食增色，让画面中的食物更有吸引力。三角形构图是一种风格独特的构图方法，将美食呈三角形摆放会给观众带来稳定、舒适的感觉，如图5-4所示。对角线构图也是经常使用的美食构图方法，将美食摆放在画面的对角线上会使美食更诱人，如图5-5所示。九宫格构图是指把画面的上下左右各分为3等份，将美食摆放在焦点位置，这个焦点是构图中的"黄金分割点"，这种构图会让食物更突出、更美观，如图5-6所示。

图5-4

图5-5

图5-6

大光圈镜头虚化背景。如果拍摄背景实在太乱，那么可以运用大光圈镜头虚化背景，这样画面相对就会干净很多，如图5-7所示。

图5-7

5.1.2 制造温暖又舒适的光线

美食视频通常是在家中拍摄的，因此学会利用家中的光线进行简单的布光，使视频画面更美、更温馨十分重要。拍摄时可以运用以下4个布光技巧。

技巧1：白天选择光线充足的地方，通常是窗边。充足的光线会让画面的饱和度更高、色彩更鲜艳，如果光线过暗，则食物很难激起观众的食欲，如图5-8所示。

图5-8

技巧2：人为添加光影效果。利用家中的百叶窗或纱质的窗帘制作出光影效果，这样画面中就有了明暗对比，不会显得过于单一。可以直接利用窗帘和玻璃碗产生的光影效果，也可以利用窗框的光影来为食物添加光影效果，如图5-9所示。

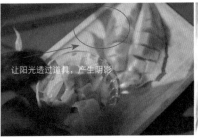
让阳光透过道具，产生阴影

图5-9

技巧3：在家中拍摄时不要使用厨房或餐厅的顶灯。家中厨房或餐厅通常用的是顶灯，使用顶灯拍出来的画面中的食物附近会出现生硬的阴影，十分不好看，这时可以在旁边放一盏灯，顺光或者侧光拍摄，如图5-10所示。

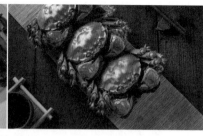

图5-10

技巧4：暖光更治愈。通常来说，暖光会比冷光更治愈，更适合拍摄美食视频，暖光下的食物显得更美味。用冷光与暖光拍摄的美食的对比效果如图5-11所示。

图5-11

5.1.3 布置有美感的道具

学会拍摄美食视频的构图和光线后，就要了解如何使用道具为美食视频加分，主要有以下4个布景技巧。

技巧1：道具要与主题相关。画面中摆设的道具要尽量与主题相关，如拍摄柠檬酱，可在旁边摆几片柠檬，如图5-12所示。

图5-12

技巧2：使用高级感美食视频中的常用道具。拍摄时可适当参考同类型高级感美食视频中的常用道具，如图5-13所示。

图5-13

技巧3：使用田园美食视频中的常用道具。此类道具包括木质碗碟、白色锅具、纯色棉麻布和藤编筐等，如图5-14所示。

技巧4：使用古风美食视频中的常用道具。此类道具包括中式传统锅具、中式古朴碗碟、植物和花瓣等，如图5-15所示。

图5-14　　　　　　　　　　　　　　　　　　　　　　　　　　　　　　图5-15

5.1.4 拍摄的角度

拍摄不同的美食，要选择不同的拍摄角度，这样才能拍摄出美食的不同特点。平视拍摄可以呈现出美食的层次感，如图5-16所示。俯视拍摄可以让食物呈现出秩序感，这种构图特别适合在美食种类较多时使用，如图5-17所示。

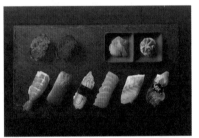

图5-16　　　　　　　　　　　　　　　　　　　　　图5-17

在日常拍摄中，经常以斜向下45°的角度进行拍摄。该视角和人们坐在餐桌前吃饭的视角相似，是一种兼顾层次和秩序的视角，如图5-18所示。

> **技巧提示**
>
> 拍摄时要注意，不能一味地使用同一个角度，这样会使画面显得枯燥和缺少变化，要进行多角度拍摄。

图5-18

5.2 美食视频后期剪辑

上一节介绍了作为一位美食博主，在拍摄过程中如何把食物表现得更美味。这一节将介绍在拥有大量素材后，如何进行剪辑组接。

5.2.1 使用跳切让视频紧凑

一般美食的制作或烹饪过程比较烦琐、冗长，为了减少整体节奏的拖沓感，而又不忽略每一个具体步骤，拍摄时可以使用跳切的剪辑手法。例如，在一段表现准备食材过程的视频中，从拿油到拿奶再到拿面一共使用了13秒，如图5-19所示。对于如此冗长的准备过程，可以使用跳切的手法进行剪辑，仅保留将奶放在桌子上、将面放在桌子上这两个瞬间动作，全程只用了1秒，如图5-20所示。

图5-19

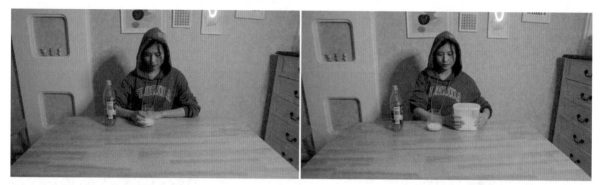

图5-20

5.2.2 适当"卡点"增添趣味性

在跳切时可以选择一些较为欢快的或节奏感强的背景音乐，配合背景音乐的重音，根据节奏进行剪辑。选择一段节奏感比较强的音乐作为背景音乐，如图5-21所示。

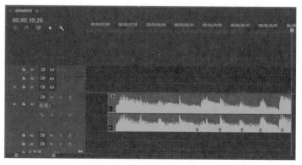

在重音处按M键添加标记，每到标记处进行一次跳切，这样带有"卡点"效果的跳切剪辑可以为视频增添趣味性，如图5-22所示。

图5-21

图5-22

5.2.3 穿插不同镜头打破视觉无聊感

在一段美食视频中穿插不同的镜头，表现美食烹饪或制作的过程，一方面可以全方位地展示食物特点，另一方面也能打破视觉的无聊感。前后左右不同的方向，配合平视、俯视和斜下方45°的视角，再配合全、中、近、特的不同景别，就可以告别画面的枯燥感。例如，制作冷锅串串的美食视频，从制作串串到放入锅中，通过使用不同景别、不同镜头对这一过程进行具体展示，如图5-23所示。

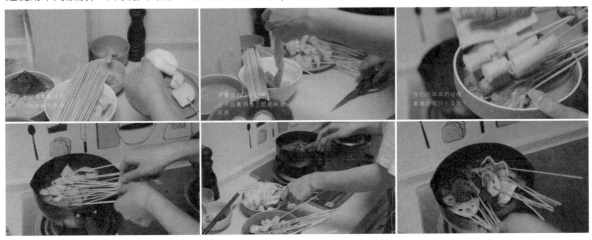

图5-23

5.2.4 加入合适的音效让画面更有质感

在拍摄美食视频时可以使用指向性麦克风对声音进行收集，也可以通过网络下载音效配在视频上。例如，烧水声、沸腾声等。这些看似不起眼的音效，如果加入视频中，能为视频带来强烈的质感。将水沸腾音效添加到煮串的视频中，配合画面景别调整声音大小，当景别大时升高音量，当景别小时降低音量，如图5-24所示。

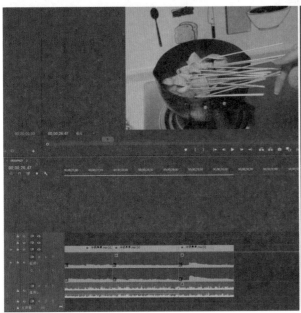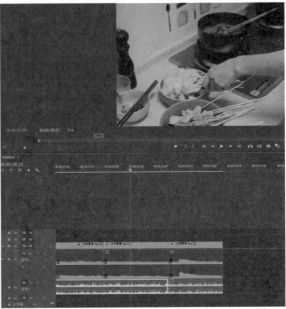

图5-24

5.2.5 适当加入空镜头传递情感

在剪辑美食视频时一定要注意适时加入一些传递情感的画面，这些带有情感的画面通常是一些空镜头、无关的路人或无关的场景，甚至是与美食相符的富有家乡意味的场景，能让观众产生联想、产生共鸣。例如，在月饼美食视频中，前一个镜头表示人物正在制作月饼，后一个镜头出现月亮，这就体现了月圆中秋、赏月思乡的感情，让观众产生共鸣、升华了主题，如图5-25所示。

图5-25

5.2.6 穿插升格镜头提升美感

在剪辑美食视频的过程中，可以对帧速率进行适当的调整，通过降格提升画面播放速度，来表达时间流逝得快。同时也可以适当加入升格，尤其是对一些画面唯美的片段，以及根据背景音乐节奏放缓的时刻，加入升格镜头能够大幅度提升画面的唯美程度。例如，在烤串视频中，当有大量的烟气缭绕时对素材进行慢放，会让观众顿时对食物产生食欲，如图5-26所示。

图5-26

5.3 行云流水的美食视频幕后

行云流水类型的美食视频往往有着更高的要求，这类视频并不是教观众如何烹饪美食，而是以一种相对"惊险"的方式使观众近距离观看美食的制作过程，让观众感受美食的魅力，同时作为广告巧妙地展示厨师的高超手艺。

5.3.1 手持运镜拍摄行云流水的短视频

一段行云流水的美食视频浓缩了美食在制作期间的精华，这些内容在短短的十秒到几十秒间被集中展示，通常能带给观众一气呵成的畅快感，同时也能让观众有意犹未尽的感觉。

- ## 设备选择

  镜头尽量选择较广的焦段，如16～35毫米，选择这个焦段范围有3个原因。

  原因1： 便于对焦。

  原因2： 广角镜头的视野比较开阔，在运镜中出现轻微的抖动时，不太容易被察觉。

  原因3： 使用广角镜头更容易展现运镜的视觉效果，因为更广的镜头能更多地容纳镜头边缘的元素，在室内拍摄近距离的物体也可以塑造出冲击感（如在小餐桌上实现从全景到中景，甚至到特写的切换）；但是如果使用中长焦段的镜头，即使移动了很远的距离，也不会在画面中体现得太明显；在拍摄美食的制作过程中相机随着手部进行运动，广角镜头可以提升场景的纵深感，增强画面的冲击力。非广角拍摄适合温馨风格的美食剪辑，广角拍摄适合有冲击力的运镜剪辑，如图5-27所示。

图5-27

- ## 相机设置

  拍摄行云流水类型的美食视频需要通过流畅的运镜展示美食在制作过程中的所有精彩瞬间。在这个过程中保证画面的质量是十分重要的一点，也就是要获得准确的对焦。例如，展现将裱花袋放进杯中的过程，但是如果运镜一直处于虚焦状态，就无法使用该视频，如图5-28所示。所以，此处需要注意3个设置。

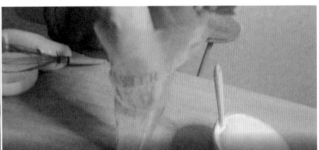

图5-28

设置较小光圈。 除了使用较广的焦段，还可以在拍摄时调小光圈，较小的光圈更容易实现对焦。

手动对焦。 如果在拍摄时不想失去大光圈带来的虚化效果，可以在用大光圈拍摄时使用手动对焦，如图5-29所示。

> **技巧提示**
>
> 可以提前确定好运镜落幅时的焦点，进行手动对焦，使用透明胶带将这个点粘在桌子上作为标记，在每次运动对焦时直接找到标记点，从而实现完美对焦。

图5-29

调节帧速率。 建议以较高的帧速率进行拍摄，在理想情况下使用60fps的帧速率，正常帧速率容易出现颠簸和抖动，通过提高帧速率即可减少抖动，使画面更加平滑。

· 如何手持运镜

手持运镜和使用稳定器运镜各有优劣。根据笔者的经验，拍摄大范围移动或跟随物体时建议使用稳定器运镜，但在小范围内拍摄则需要快速运镜，通常使用手持运镜更加适合。在拍摄美食视频时，拍摄的场景一般较小，如一间厨房、一张餐桌或是一个吧台。在这类场景中为了便于拍摄，通常不会使用稳定器，而是选择手持运镜。之前提到过，广角可以在视觉上减少画面的抖动，但还是应该学会5个手持运镜的技巧。

技巧1：双手持相机。 在右手握住相机的同时，用左手手腕支撑相机的底部，左手握住镜头，这样使双手和相机产生3个接触点，尽可能实现稳定，如图5-30所示。

图5-30

技巧2：身体动，手不动。 当要让镜头推进或拉远时，并不是把手向前推或向后拉，而是使身体向前或向后运动，手始终保持在相同的位置不变。

技巧3：利用相机带增稳。 可以将相机带套在脖子上，将相机放在前方绷紧相机带，让相机更加稳定，如图5-31所示。

图5-31

技巧4：相机自身保持运动。 相机自身保持运动是手持运镜的一个小技巧，拍摄时受到场地或角度的限制，无法让相机贴近身体，只能通过手臂进行运动拍摄，如仰拍或俯拍。在拍摄过程中稍微将相机顺时针或逆时针旋转，同时与一些其他运镜技巧结合起来，抖动就不会那么明显。

技巧5：将指关节作为支点。 当镜头贴近桌面时，将手或指关节靠在桌面上可以减少抖动，如图5-32所示。

图5-32

技术专题：手持运镜的重要性

在确保了手持相机的稳定后，就可以通过运镜拍摄出想要的效果。手持运镜较大的优势是可以自由地移动，因此也更方便、快捷，而且更精准。拍摄时可以跟随人物或物体的动作进行移动，如跟随人物的手，将一桶油从椅子上拿到桌子上，在运动的同时还可以将镜头从倾斜的角度过渡到垂直的角度。

实现精确的运动，能够确切地引导观众的视觉焦点。这要求拍摄者在拍摄前就了解被拍摄者的运动过程，以便提前设定好画面的起幅和落幅，也就是无论发生什么运动都要有起点和终点，两点之间的过程会为观众提供较佳的视觉体验。

5.3.2 剪辑组接让视频更顺滑

使用手持相机得到行云流水般的运镜，将这些运镜素材衔接起来，可以通过剪辑让视频更顺滑。

· 利用桌子进行遮挡

剪辑顺滑的运镜通常使用遮盖来衔接两个镜头，当前一个画面结尾时，镜头摇到了桌子上，利用桌子进行遮挡。在剪辑下一个镜头时可以从同色的背景中展开，在画面开始时从桌子遮挡开始，这样就避免了剪辑产生的跳跃感。例如，第1个镜头是在表现挤奶油，然后向下运镜，镜头从挤奶油的托盘处摇到了桌子上，第2个镜头从桌子上升起，与上一个镜头组接，利用桌子进行遮挡。当镜头再摇上去时发现整个托盘的奶油已经快挤完了，如图5-33所示。

图5-33

还可以使用与遮挡物相同颜色的场景作为下一段的开场。例如，第1个镜头在搅拌奶油，然后镜头摇到桌子上，衔接的镜头是与桌子相同颜色的奶油的特写，将碗中的奶油挑起。由于桌子与奶油颜色相同，所以巧妙地利用遮挡进行了转场组接，如图5-34所示。

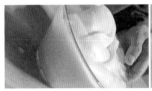

图5-34

• 运镜作为步骤之间的转场

另外一种衔接方式是第1个镜头通过运镜将画面摇下去，在剪辑时将从下摇上来的画面作为第2个镜头。例如，第1个镜头的运镜方式是从左下摇到中间再向右下摇出，画面内容展现了挤出奶油的过程，如图5-35所示。

图5-35

第2个镜头呈现的是在蛋糕中添加水果的画面，采用相同的运镜方式，从左下开始摇到中间再向右下方摇出。第2个镜头的运动方式与前一个镜头的运动方式相同，通过相同运镜无缝组接两个步骤，如图5-36所示。

图5-36

• 用动势组接完成烹饪过程

在剪辑时可以进行类似动势组接，让两段画面连贯地组接在一起。例如，第1个镜头是从打鸡蛋到鸡蛋落入碗中，鸡蛋存在下落的动势，第2个镜头是人物将蛋糕放在托盘中，蛋糕有一个向下放的动势，同样的两个向下运动，组接起来会更顺畅和自然，如图5-37所示。

图5-37

5.3.3 增稳和变速让视频更流畅

要让视频做到行云流水，需要这段视频具有一定的稳定性，还需要这段视频的节奏变化过程很顺畅。那么该如何做到这两点呢？

- **后期增稳**

之前已经介绍过如何手持拍摄让画面更稳定，除了前期的一些拍摄技巧外，在后期依然可以通过处理为画面增稳。打开Premiere，在"效果"面板中搜索"变形稳定器"并将其拖曳到需要增稳的素材上。然后双击素材，在"效果控件"面板中找到"变形稳定器"效果并找到"高级"，最后在"高级"中勾选"详细分析"复选框，这样这段素材就开始自动分析，从而实现增稳，如图5-38所示。

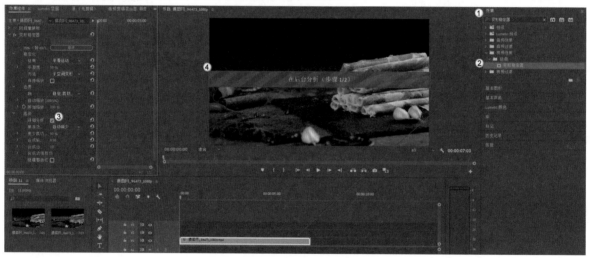

图5-38

> **技巧提示**
>
> 虽然后期可以实现增稳，但是这种增稳方法并不万能，因此不要过度依赖。如果画面晃动得太严重，后期处理完依然会出现画面变形的情况，所以做好前期稳定才是硬道理。

- **利用缩放捕捉画面**

拍摄瞬时动作较快的视频建议使用广角镜头，将光圈数值调小，这样可以拍清楚一些难以追踪的物体。例如，把鸡蛋扔在空中这种镜头，只要将被拍摄对象捕捉到框架中的某个位置，就可以利用"缩放"在后期重新找到物体。

例如，初始画面中鸡蛋打进碗的情景并不明显，周围也有很多其他元素干扰，如果将镜头对准鸡蛋给特写，由于鸡蛋的快速下落，镜头很难捕捉和精准对焦到鸡蛋，因此只需要拍摄一个较广的视角，然后将素材导入Premiere中，在"效果控件"面板中设置"缩放"属性，即可将画面放大后实现鸡蛋的特写镜头，如图5-39所示。

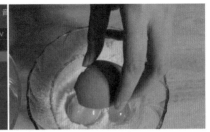

图5-39

· **坡度变速（时间重映射）**

在美食视频中，尤其是在行云流水的美食视频中经常用到"坡度变速"的手法进行剪辑。这种手法可以在3个场景中使用。

场景1： 烹饪美食一般会花费较多的时间，如果在剪辑时完整展示一段烹饪过程，会让视频节奏变得拖沓，因此可以通过坡度变速将视频加速。

场景2： 可以通过坡度变速将画面重点时段放慢，实现对某个动作的强调和突出。

场景3： 可以通过坡度变速在画面结束时加速，然后与下一段画面开始处组接，如果后段画面的开始处也利用了坡度变速加速，则两个加速部分可以实现无缝转场。

实例：利用坡度变速改变视频节奏

素材位置	素材文件＞CH05＞实例：利用坡度变速改变视频节奏
实例位置	实例文件＞CH05＞实例：利用坡度变速改变视频节奏
教学视频	实例：利用坡度变速改变视频节奏.mp4
学习目标	学习坡度变速

扫码看效果

如果视频开始处的节奏较慢，中间和最后的展示内容又没有什么特点，那么可以快速掠过第1段内容来加快节奏，放慢第2段内容来强调和突出动作，让观众印象深刻，快速完成第3段动作并衔接下一段内容，最终效果如图5-40所示。

图5-40

01 将"素材文件＞CH05＞实例：利用坡度变速改变视频节奏"文件夹中的"油锅辣椒.mp4"素材导入"时间轴"面板中，删除该段素材第00:00:24:00之后的内容，接着在"时间轴"面板素材的左上角"fx"按钮 上单击鼠标右键，执行"时间重映射＞速度"菜单命令，就可以看到素材中间出现了速度线，如图5-41所示。

图5-41

02 拖曳时间线找到汤勺中的辣椒油即将倒入锅中的瞬间00:00:10:00处，单击左侧的"添加-移除关键帧"按钮█添加关键帧，也可以按住Ctrl键并单击在时间线上添加关键帧，如图5-42所示。

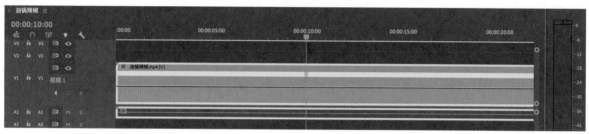

图5-42

03 在"时间轴"面板中将速度线向下拖曳减速视频，以展示辣椒油倒入锅中的瞬间，设置"时间重映射：速度"为"37.00%"，如图5-43所示。

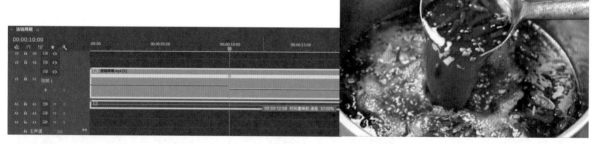

图5-43

04 单击关键帧位置上方的箭头█并向左拖曳，可以发现速度线变成了有坡度的线，再次单击两侧的箭头会出现一个锚点，如图5-44所示。拖曳锚点会让时间线变为曲线，这条曲线称为"贝塞尔曲线"，可以让两段不同播放速度的片段过渡得更顺滑和自然，如图5-45所示。

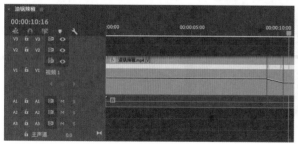

图5-44   图5-45

05 按照同样的方法，在00:00:21:00处添加关键帧。将速度线向上拖曳，设置"时间重映射：速度"为"400.00%"，如图5-46所示。添加"贝塞尔曲线"进行平滑过渡，如图5-47所示。

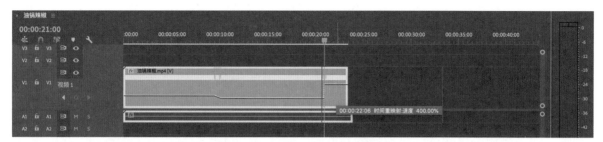

图5-46

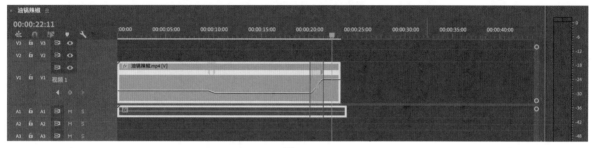

图5-47

06 该段素材在00:00:22:10处时辣椒油全部倒入锅中,使用"剃刀工具" ▧在此处剪辑,将后面的素材删掉,如图5-48所示。

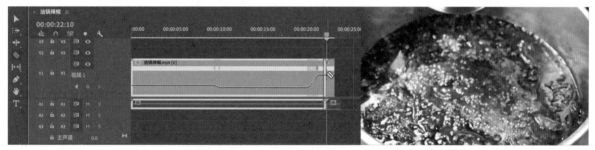

图5-48

07 将"素材文件＞CH05"文件夹中的"小碗辣椒油.mp4"素材导入"时间轴"面板中,将第2段视频开始处多余的部分删掉,直接来到用勺子将辣椒油从碗中捞起的部分,使用"剃刀工具" ▧在00:00:35:10处剪辑,如图5-49所示。

08 删除第2段素材切割后的前段内容并组接剩余的素材与第1段素材,实现两段素材的衔接,在第2段素材上单击鼠标右键,执行"时间重映射＞速度"菜单命令,如图5-50所示。

图5-49

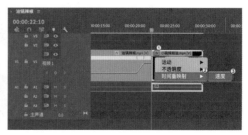

图5-50

09 单击"添加-移除关键帧"按钮▓在勺子捞起辣椒油的00:00:24:13处添加关键帧,加快关键帧前面视频的播放速度,让组接更流畅。这里将速度线向上拖曳,设置"时间重映射:速度"为"500.00%",如图5-51所示。

10 将关键帧后的视频播放速度放慢,让辣椒油缓慢地滴入碗中,将速度线向下拖曳,设置"时间重映射:速度"为"50.00%",如图5-52所示。为加速和减速转换的过程添加"贝塞尔曲线"实现平缓过渡,如图5-53所示。

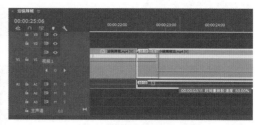

图5-52

图5-51

图5-53

11 使用"剃刀工具"▓将视频后面多余的画面剪切并删除,选择两段素材并单击鼠标右键,执行"取消链接"菜单命令后删除两段素材的音频,接着添加合适的音乐,如图5-54所示。最终效果如图5-55所示。

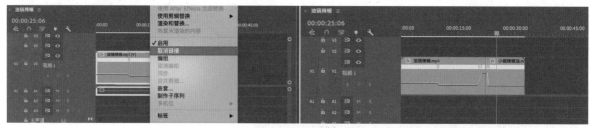

图5-54

图5-55

- **找到合适的背景音乐**

要想拍摄出行云流水般的美食视频，选择一个合适的背景音乐尤为重要。在选择背景音乐后，通过剪辑让画面中的动作和鼓点、重音配合在一起。

要找的背景音乐需要有很强的节奏感，从音频波形图中可以明显看出重音的位置。可以先多次聆听熟悉音乐，然后让每一处标记的位置都有一点变化，变化可以是节奏的变化、景别的变化，也可以是动作的变化，按M键为音频添加标记，如图5-56所示。

图5-56

在寻找背景音乐时不要只注意音乐的节奏，也要注意音乐的风格，如在做饺子、粽子和月饼等传统美食时，就应该选一些带有民族特色的音乐，这样才能更贴近视频内容。想找到合适的音乐并不难，只要在相关软件中搜索关键词即可。

- **在较长的视频中多段变速**

美食的制作过程一般比较复杂，需要时间较长的镜头进行展示，较长时间的画面会导致节奏缓慢，这时可以加入合适的背景音乐，通过多段变速实现节奏的变化，让视频变得更吸引人。例如，可以在一段包饺子的视频中置入一段具有民族特色且节奏感很强的音乐，如图5-57所示。

在音乐的节奏变化处按M键添加标记，在每一处标记的位置设置变化。由于整段视频没有景别变化，所以主要通过速度进行变化，在"fx"按钮 上单击鼠标右键并执行"时间重映射>速度"菜单命令，在标记处加快速度，如图5-58所示。

图5-57

图5-58

00:00:01:00处的音乐中有一个节奏的变化，而视频中出现了一个由"放饺子馅的盆"摇到"人物手里"的动作，所以在这个位置进行加速，如图5-59所示。

00:00:01:17处运镜结束，音乐也稍微舒缓了一些，这时将播放速度设置回正常速度，如图5-60所示。

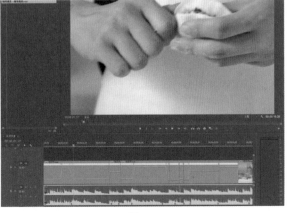

图5-59

图5-60

从音乐的波形图中可以看出有一段波形非常密集，说明这段音乐非常紧凑，适合搭配人不停地包饺子，直到包出好看的褶皱的画面，如图5-61所示。在此处可以加快包饺子动作的速度，让更快的人物动作与快节奏的音乐相匹配。

后面的画面以此类推，每当音乐节奏发生变化时，视频的速度都进行相应调整，如图5-62所示。

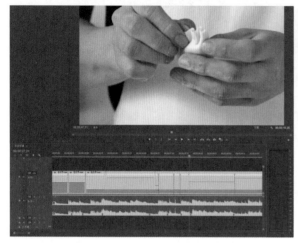 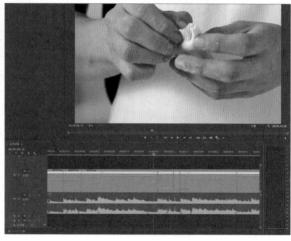

图5-61   图5-62

· 紧张中有舒缓

在剪辑多段变速节奏感强的视频时，虽然整体的节奏应该特别连贯，但是这种连贯性会让人透不过气，因此剪辑时一般会在中间保留一定舒缓的画面来调整整体的节奏。尤其是在快节奏开始之前，可以特意将一段内容放缓，突出之后的快节奏。

例如，在包饺子的视频中，在快节奏开始前通过"时间重映射＞速度"菜单命令将前一段视频的节奏放缓，为后面的快节奏做铺垫，如图5-63所示。

在快节奏开始前设置视频的"时间重映射：速度"为"35.00％"，在视频的结尾处减少节奏的变化，同时减慢视频的播放速度，如图5-64所示。

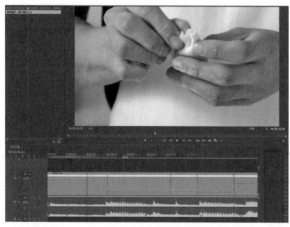 

图5-63   图5-64

第**6**章 做个会写故事的Vlogger

■ 学习目的

　　Vlog 的全称是 Video Blog 或 Video Log，是视频记录、视频博客和视频网络日志的意思。它可以记录一次旅行、聚会，或者是人生某个重要的瞬间，如求婚、开业和参赛等。也可以记录日常生活中的点点滴滴，如午后在咖啡厅的闲坐、周末和闺蜜的一次小聚，甚至是在公园里的一次散步。

　　Vlog 这种形式对记录的内容没有太多限制。与短视频的区别在于，Vlog 是基于创作者自身发生的真实故事，通过合理地架构后用视频的形式表达出来，进而吸引观众观看。Vlog 表达的故事完整性较强，时长也会较长，而且注重时效性。Vlog 创作者统称为 Vlogger。

■ 主要内容

- 把生活写成故事
- 用镜头记录下美好的生活
- 掌握叙事方式让故事与众不同
- Vlog的创作剪辑思维
- 打造具有独特记忆点的Vlog片头
- 用音效来锦上添花

6.1 记录美好生活

随着越来越多的人选择使用视频记录生活，Vlog也成了时下非常流行的视频形式。但是如何把Vlog拍得有意思呢？这是本节将要讲解的内容。

6.1.1 把生活写成故事

能让人提起兴趣的Vlog的重要核心是讲好故事，器材、剪辑和调色等都是为故事服务的。

· 讲好Vlog的7个关键点

如果想让自己的Vlog吸引观众，那就应该学习如何把日常生活用故事的方式写出来。一个优秀的Vlog作品可以被拆分为7个关键点，如果能做到以下7点，那么Vlog讲的故事就会被更多的观众喜欢。

关键点1：人物（人设）。 Vlog中要有一个主体角色，可以是人或其他主体，也可以是客观的或想要呈现的角色，其承担主角的人物设定。例如，在"西北旅行Vlog"中，主体角色是平时喜欢汉服的情侣二人，如图6-1所示。

关键点2：目标。 主体角色想要在视频中达成的目标。在"西北旅行Vlog"中，角色想要达成的目标就是"穷游"，即人均2500元环游大西北，如图6-2所示。

图6-1

图6-2

关键点3：阻碍。 妨碍目标实现的一些困难。"西北旅行Vlog"中较大的阻碍就是西北地区地广人稀，景点距离远，交通不方便，大多数路程需要包车，费用较高，一般情况下人均全程费用在5000元左右，如图6-3所示。

关键点4：克服。 角色努力去克服阻碍。"西北旅行Vlog"中两人省吃俭用，选择分段包车、住帐篷等一系列可以省钱的方法，如图6-4所示。

图6-3

图6-4

关键点5：结果。经过努力克服困难后产生的结果。"西北旅行Vlog"中产生的结果是旅途多舛、意外不断，还入住了被子发霉的招待所，如图6-5所示。

关键点6：反转。一般大部分Vlog只做到前5点就结束了，如果故事中能够做到一次"反转"，那么就可以让观众意想不到、印象深刻。例如，"西北旅行Vlog"的反转可以是在原本的计划外突然看到的不一样的风景，如图6-6所示。

图6-5

图6-6

关键点7：终结。故事的最终结果。结局往往都有所收获，一般是对旅途、人生的感悟。Vlog中两人最后完成"人均2500元穷游西北"的挑战，并且拍摄了很多唯美的汉服视频，如图6-7所示。

图6-7

· 如何写脚本

学会了怎么讲故事，接下来就需要把故事变成拍摄脚本，因为有了脚本拍摄才会有方向，才可以避免拍摄出一堆没用的素材，而且在后期剪辑时有脚本辅助，就可以更有章法、更节省时间。下面以"日常Vlog"为例，介绍如何撰写分镜头脚本。

首先需要确定主题，该视频的主题就是日常装修进度。其次需要细化脚本，即按照表格的内容详细写出分镜头，如图6-8所示。

5月Vlog新家装修进度							
序号	景别	时长	画面内容	字幕	音乐	音效	台词
1	混	30s	本期视频精彩集锦	Alin 's Vlog	白噪音		
2	中	5s	窗外的景色和天气		"配合天气、白噪音"		
3	中	5s	接上个镜头，人走过去开窗			开窗声	
4	特	5s	分3步或4步开床的包装	组装木床	音乐起	剪东西	
5	中	5s	拆开床的包装			拆包装	
6	特	5s	摆好各个部件			摆东西	
7	全	3s	组装成大框，镜头平移到一角				
8	特	2s	拧螺丝				
9	中	5s	搭龙骨板子				

图6-8

2号镜头如图6-9所示。

3号镜头如图6-10所示。

4号镜头如图6-11所示。

图6-9　　　　　　　　　　　　图6-10　　　　　　　　　　　　图6-11

因为Vlog是用来记录生活的，所以可能会存在一些随机性。例如，在旅行Vlog中不确定因素较多，很多时候没有办法完全按照事先准备的脚本进行拍摄。这样也没有关系，惊喜、意外或Vlog的趣味性往往就存在于这些"不确定"之中，大家不必过多地囿于脚本，根据准备好的内容任意发挥就好。

6.1.2　常用的Vlog叙事方式

可以采用以下3种叙事方式拍摄Vlog，让视频不再千篇一律。

方式1：顺叙。按照时间顺序或事件的发展顺序来拍摄和剪辑。顺叙相对简单，容易上手，新手可以先从顺叙开始尝试。例如，一天的生活记录可以按照6点起床、7点吃早餐、7点30分出门、8点开始工作和17点30分回家这样的时间顺序来剪辑。又如，探店Vlog可以按照介绍主题、探店品尝和总结评价这样的事情发展顺序来剪辑。

方式2：倒叙。把事情的结局或能够引起观众兴趣和产生悬念的画面放到视频的开头，再按照顺叙的方法剪辑。通常用于有足够吸引力的结局或有悬念的片段中。

方式3：蒙太奇。在Vlog的叙事中可以插入蒙太奇手法。例如，通过表现蒙太奇把一些看似不相关的片段剪辑在一起，让视频变得更丰富、更有意义，或者使用平行蒙太奇、交叉蒙太奇将多条情节线交替组接，增强叙事的趣味性。

在Vlog中，一般只有部分内容会使用蒙太奇手法，不会用于整段视频中。例如，在视频开头或高潮部分，把不同时间、不同地点的画面剪辑到一起，会起到强调情绪和吸引观众的作用。

6.1.3　拍摄b-roll增加故事性

一支Vlog通常由a-roll和b-roll组成，a-roll是拍摄内容的主体，b-roll是辅助镜头，可以理解为空镜。例如，在旅行Vlog中，a-roll就是主体角色对着镜头讲话的部分，介绍地点、行程和感受等。b-roll就是当地的自然风光和风土人情的镜头。因此在Vlog中，b-roll起着交代环境的作用，能够更完整地构建故事架构，增加故事性。

·　如何拍摄b-roll

可以通过以下3种方法来拍摄b-roll。

方法1：尝试拍摄运动镜头。

b-roll大多是风景空镜头，尤其是画面中没有运动物体的时候，如果是固定画面会略显单调，可以尝试使用运镜让画面丰富起来。例如，在一个无风的荷塘画面中，可以从左向右运镜拍摄，如图6-12所示。

图6-12

方法2：利用前景变焦。 在前景和主体画面之间切换焦点，可以突出主体和丰富画面。通过被摄物体虚实的变化，让视频变得更加丰满。在前期可以通过手动对焦和调整变焦环实现前实后虚或后实前虚的变化，如图6-13所示。

图6-13

方法3：利用升格拍摄慢镜头。 在b-roll中添加升格，可以改变视频的节奏和氛围，是一个非常好用的技巧。通过速度的变化，可以让视频变得更美。

· 制作延时摄影

延时摄影可以将一段时间较长的画面压缩，在短时间内展示更多的内容。延时摄影具有非常强大的视觉冲击力，震撼十足。尤其是在大场景、大场面中，使用延时摄影更能吸引观众。延时摄影通常用于拍摄一些时间流逝明显的画面，如川流不息的车辆、日出日落和气象变化等。

> **技巧提示**
>
> 目前很多手机与相机自带延时摄影功能，使用手机拍摄延时摄影更加方便快捷，并且不需要后期处理，可以直接获得想要的视频素材。

· 前期拍摄延时摄影

使用相机可以手动设置参数拍摄延时摄影。首先设置"快门档位"为"光圈优先"，然后根据拍摄时的环境情况将"ISO"设置为固定值或自动。设置好相机之后需要选择一个平稳的位置进行拍摄，比较好的方法是使用三脚架固定拍摄。固定好拍摄位置后找到"间隔拍摄"功能，如图6-14所示。

图6-14

拍摄开始时间： 从快门按下后到开始拍摄第1张照片的间隔时间，设置1秒就是1秒之后开始拍摄，设置2秒就是2秒之后开始拍摄，以此类推。

拍摄间隔： 拍摄两张照片的间隔时间，如果间隔过短，生成的视频更流畅，如果间隔时间过长，则生成的视频会表现出更明显的时间流逝感。

拍摄次数： 延时摄影想要拍摄的照片数量，次数越多生成的视频长度越长，反之则越短。

以30张照片可以生成1秒钟的视频为例，若想生成一个3秒的视频就需要90张照片，这时需要将拍摄次数设置为90。

技术专题：延时摄影的注意事项

拍摄时，应该根据自己的计划进行简单的计算。首先需要确定拍摄的总时长，然后需要构思后期视频生成的时长，根据这两个固定的限制，来确定拍摄的次数，以及每次拍摄的间隔时间。

间隔时间不能大于单次曝光时长。如果在拍摄时快门速度为2秒，那么两张照片之间的间隔就不能超过2秒，否则拍摄不出相应的效果。

拍摄延时摄影往往会生成大量的照片，如果相机内存卡的读写速度过慢或内存过小，则没办法有效地保存照片，建议在拍摄前根据自身需要使用读写速度较快、内存较大的内存卡。

通常拍摄延时摄影会消耗大部分的时间，拍摄者可能不能全程待在拍摄设备旁边，因此可能会忽略电池电量的问题。另外，在拍摄途中更换电池时，生成的视频中会出现断档的情况，因此拍摄前一定要保证电池的电量充足。

- ### 后期制作延时摄影

打开Premiere并新建序列，设置"可用预设"为"HDV 1080p30"并将序列命名为"延时摄影"，如图6-15所示。

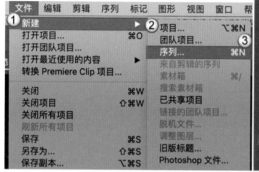

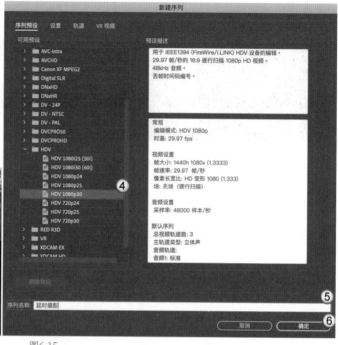

图6-15

双击"项目"面板，找到已经拍摄好的延时摄影的照片，选择第1张照片，然后勾选"图像序列"复选框，单击"导入"按钮 导入 就会自动生成一个延时摄影视频，如图6-16所示。

图6-16

6.2 讲出"丰满"的故事

上一节已经介绍了如何记录故事，那么本节就讲解如何把故事讲得更"丰满"。

6.2.1 Vlog的剪辑思维

前面已经详细介绍了如何形成剪辑思维，现在试着把它具体应用到Vlog中。

- ### 素材整理

在开始剪辑前，要先把所有素材都大致浏览一遍，然后按照自己的习惯归类放置。可以按照地点分类，把不同地点的素材放到不同的文件夹中，也可以按照时间分类，把同一天或同一时间的素材放到同一个文件夹中，如图6-17所示。

图6-17

如果要按照不同的地点来剪辑，那么就可以把素材像这样按地点分类。大致浏览所有视频，按照已经构思好的脚本删减无用的素材，将特殊素材重命名，方便使用时第一时间找到，如图6-18所示。

图6-18

· 学做减法

前面介绍了讲好Vlog的7个关键点，那么构思好故事的走向后，剪辑时就要围绕故事的主体进行，舍弃在故事情节中起不到推进作用或没有太大意义的画面素材。尤其是按照时间发展顺序记录的日常Vlog，一定要确定一个主题。

· 文案助攻

文案能够较好地丰富视频内容，有助于明确主题。例如，在下方旅行视频中，虽然拍摄了很多漂亮的素材，但是它们并不能完全表达想要传达的情感，于是结尾添加了一段旁白，为没有什么意义的空镜素材添加旁白，表达对下次旅行的期许，从而更好地结尾，如图6-19所示。

图6-19

6.2.2 打造具有独特记忆点的Vlog片头

由于Vlog片头的重要作用之一是引起观众的兴趣，吸引观众继续观看，因此很多Vlog会把精彩画面放到片头部分，告诉观众视频的主题和风格，让感兴趣的观众继续看下去。一般片头的总时长控制在10~30秒，当然具体要根据视频的总时长决定。

要想做一个优秀的Vlogger，仅是片头精彩还不够，Vlog一定要有独特的个人风格和色彩，个人风格在整体片子中彰显是一个漫长的过程，而且观众需要长期观看才能从中感知到Vlogger的个人风格和魅力。如果制作一个具有特色的片头，会让个人风格在短时间内得到体现，就要求在片头上更加注重个人风格的体现。塑造具有个人风格的片头的重要法则是打造独特的记忆点，可以通过以下4个方法实现。

方法1：使用固定背景音乐。 背景音乐能展现较强的个人风格，如新闻联播的开头背景音乐。

方法2：话术。 使用一些固定的打招呼方式或在开头、结尾使用一些固定的话术，如"集美貌与才华于一身的女子"。

方法3：固定模式。 利用跳切剪辑或炫酷片头作为开场。

方法4：找一个适合自己风格的动画。 类似于电影开头的固定模板，如《猫和老鼠》的片头。

6.2.3 "a-roll+b-roll"让故事更"丰满"

前面已经介绍过a-roll和b-roll，下面就来看看怎么结合并应用它们，让视频更"丰满"。一般用a-roll来介绍视频主题，用b-roll来丰富画面。例如，在"汉服摄影"的主题视频中，当a-roll介绍完主题后紧接着插入一段拍摄汉服的b-roll，如图6-20所示。

在介绍内容时适当插入b-roll画面，可以让观众更直观地理解内容。例如，当介绍不同朝代的妆造特点时，添加一些对应的妆容画面，如图6-21所示。

图6-20

图6-21

6.3 有趣的Vlog幕后

在日常Vlog创作中，除了拥有好故事和好的拍摄方法，还要为Vlog添加一些综艺元素，这样能达到锦上添花的效果，让Vlog更有质感。

6.3.1 营造综艺效果

综艺节目有很多类型，如治愈型、搞笑有趣型、挑战型等。制作Vlog时通常会为其选择一种调性，就像制作一档自己的综艺节目。为了增加Vlog的趣味性，除了前期撰写脚本和文案，后期剪辑也起着至关重要的作用。有的时候前期的拍摄可能不那么具有"戏剧性"，导致Vlog有一点像视频版的流水账，这种情况下就可以通过后期来改善和弥补不足。

治愈型Vlog如图6-22所示。

搞笑有趣型Vlog如图6-23所示。

挑战型Vlog如图6-24所示。

图6-22

图6-23

图6-24

• 整合琐碎素材

Vlog具有一定的随机性，如在旅行Vlog中风景很美，不过无法预知所见所闻，就会拍摄很多段素材，但是可能素材与素材间没有什么联系，无法剪辑成一个完整的故事，因此可以在后期补录一些解释说明的画面，也可以直接补录画外音进行说明。

例如，在滑雪Vlog中，主体角色意外受伤，由于事发突然，加上担心其伤势就没有全程拍摄，素材比较琐碎，没有办法完整讲述这段故事。因此后期单独补录了一段解说素材，使故事更加完整，素材之间也能更好地衔接，如图6-25所示。

图6-25

• 镜头时长

Vlog中一个镜头画面出现的时长为多少比较合适呢？不同于短视频和商业快剪，Vlog具有一定的叙事性，镜头太短会让观众抓不住重点，太长会显得拖沓冗长，让人感到乏味，所以一般单个镜头可以控制在3～7秒。

具体时长一般根据镜头中所涵盖的内容和需要传达给观众的信息量决定。当使用全景镜头时，画面中如果展现的人物过多、场景过于复杂，则这个片段停留的时间可以长一些。例如，镜头1中传达的信息比较少，所以观众在观看这个镜头时接收信息的时间也就比较较短，镜头2的信息比较多，观众在观看这个镜头时接收信息的时间也相对较长，如图6-26所示。

图6-26

- 通过剪辑制造"意外"

在剪辑视频时，可以通过调整剪辑的顺序来制造一些情理之中、意料之外的事。例如，在"去长白山看天池"视频中，因为天池只有在晴朗且没有雾的时候才能看到，所以从出发开始，视频中一直在强调下雨这件事，直到抵达山顶还是大雾天气，看不见天池就成了顺理成章的事，如图6-27所示。

图6-27

在视频中可以插入一段文字，或者后期补录一段解说、旁白，并接上一段长白山天池的画面，这样观众会觉得"很幸运，这样也能等到"，但又从下一个镜头发现原来只是一张简介图片，如图6-28所示。到这里这个"反转意外"就结束了，观众会跟着剪辑思路走，在"顺理成章"的没看见天池中添加了一个"意料之外"的小情节。

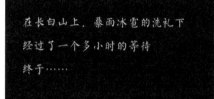

图6-28

- 营造情感共鸣

一支优秀的Vlog除了有优美的画面、有趣的故事外，还要能传递一些观点，表达一些情感，让观众在看过后可以产生情感的共鸣，这样才更容易获得观众的关注和喜欢。

哪些情感点容易让人产生共鸣呢？比较简单的方法是引用一些怀旧的画面或歌曲，让观众一瞬间回忆到过去，进而产生共鸣。也可以拍摄一些容易让人产生共鸣的画面，如在晚上回家的路上拍摄一些外卖小哥、地铁中劳累一天后东倒西歪坐着的上班族等。还可以在视频中发表一些能引起共鸣的观点，如关于生活、工作、读书和旅行等方面的观点。

6.3.2 制作带综艺感的字幕

字幕作为视频的一部分，它的风格要与视频风格保持一致，为视频风格服务。接下来讲解如何在3个不同的软件中添加字幕。

- Premiere

打开Premiere，在菜单栏中执行"文件＞新建＞旧版标题"菜单命令，在弹出的"新建字幕"对话框中可以设置字幕的"宽度""高度""时基""像素长宽比""名称"，设置后单击"确定"按钮，如图6-29所示。

图6-29

在"旧版标题"对话框左侧选择"文字工具"，在画面中输入文字，在右侧"旧版标题属性"面板中可以设置"字体样式""字体大小""不透明度"等，如图6-30所示。

关闭"旧版标题"对话框，"字幕"图层会出现在"项目"面板中，将"字幕"拖曳到"时间轴"面板中想要添加字幕的位置，就完成了字幕添加，如图6-31所示。

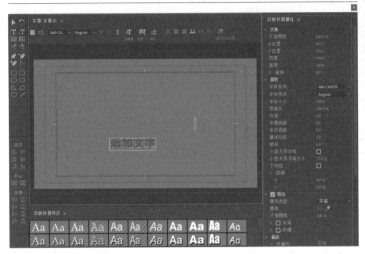

图6-30

图6-31

· Final Cut Pro

在Final Cut Pro中，直接单击左上角工具栏中的"文字工具"，选择想要的字幕样式并将其拖曳到"时间轴"面板中，在右侧添加字幕文字并设置字幕样式，如图6-32所示。

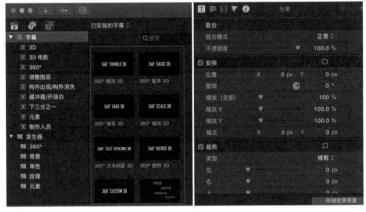

图6-32

· 剪映

在剪映中添加字幕的方法比较简单，且容易操作。在剪映的上方菜单栏中单击"文本"选项卡，在"新建文本"面板中单击"添加到轨道"按钮，字幕层会自动出现在"时间轴"面板中，如图6-33所示。在右侧可以设置文字内容和参数，如图6-34所示。剪映还提供了很多"花字"，下载后添加到"时间轴"面板中即可使用。

图6-33

图6-34

剪映的语音识别字幕功能很强大。在"识别字幕"面板中单击"开始识别"按钮 开始识别 ，剪映会自动识别视频中的人声并生成字幕，从而为视频后期的字幕工作省下很多时间，如图6-35所示。

图6-35

6.3.3 字幕的风格

常用的字幕风格有3种，当然更多的风格需要创作者自己根据视频内容开发。

"岁月静好"型字幕。一般在"岁月静好"型的Vlog中，创作者会选择不在视频中说话或比较少地说话，常用字幕来代替语言。这种字幕的风格简单，字体也比较统一，不会出现多样或颜色绚丽的花字。例如，美食Vlog一般选择简单的字体，为了体现温馨的感觉还可以适当添加一些Emoji表情，如图6-36所示。

"ins风"型字幕。这种风格一般通过极简的字幕来营造视频的"高级感"，除了简单的白色方正字体外，还可以添加黑底来增加复古感，如图6-37所示。

图6-36

图6-37

"欢乐搞笑"型字幕。"欢乐搞笑"型的Vlog氛围轻松，一般主角会在视频中说很多话，字幕的类型也更多样。角色说话内容的字幕可以使用花字，还可以根据不同角色，变换不同的颜色、样式或大小，如图6-38所示。

除了角色说话内容的字幕，还有一些增加乐趣、活跃气氛的字幕。例如，添加对话框字幕，可增强Vlog的趣味性，如图6-39所示。

图6-38

图6-39

实例：使用模板制作花字

素材位置	素材文件＞CH06＞实例：使用模板制作花字
实例位置	实例文件＞CH06＞实例：使用模板制作花字
教学视频	实例：使用模板制作花字.mp4
学习目标	学习在After Effects中制作花字的方法

扫码看效果

使用花字模板需要在After Effects中进行，这对初学者来说略有难度。接下来通过实例讲解简单的综艺花字的制作，最终效果如图6-40所示。

图6-40

01 打开After Effects，执行"文件＞打开项目"菜单命令，导入"素材文件＞CH06＞实例：使用模板制作花字"文件夹中的"花字素材"模板，也可以直接将模板拖曳到"项目"面板中，如图6-41所示。

图6-41

02 找到想要的效果，单击文字图层后直接在"合成窗口"面板中修改文字内容，在右侧的"信息"面板中设置"文字样式"和"颜色"等，如图6-42所示。

图6-42

03 设置完成后，执行"文件>导出>添加到渲染队列"菜单命令或按Ctrl+M组合键，在下方"渲染队列"中单击"输出模块"右侧的"无损"链接，如图6-43所示。

04 在"输出模块设置"对话框中设置"格式"为"QuickTime"后单击"确定"按钮 确定 ，如图6-44所示。

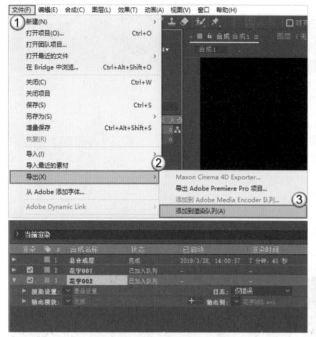
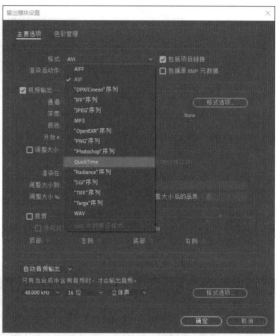

图6-43   图6-44

05 设置"输出到"为输出文件的文件夹，单击"渲染"按钮 渲染 后找到保存文件的位置，如图6-45所示。将花字置入Premiere中，最终效果如图6-46所示。

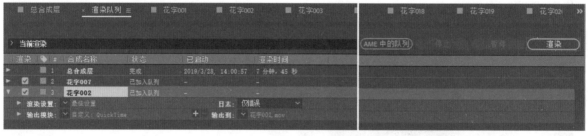

图6-45

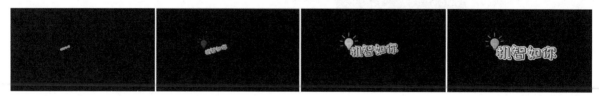

图6-46

6.3.4 加入带综艺感的音效

音效，即声音制造的效果，可以用来强化氛围、反映信息、渲染情绪和增加真实感。在Vlog的创作中，添加一些带有综艺感的音效可以增加乐趣、渲染气氛，甚至加强悬念。其主要目的是让视频不枯燥，更生动。前面讲解过如何运用声音，在Vlog中常用的音效有自然音效、同期声音效和综艺音效。

自然音效： 来自大自然的声音，如海浪声、风声和落叶声等。例如，可以给与大海相关的画面配上海浪的声音，如图6-47所示。

同期声音效： 视频中出现的动作产生的音效，如敲门声、切菜声、水声和哭声等。例如，可以给处理鸡翅和倒饮料的画面分别配上切肉和倒水的声音，如图6-48所示。

图6-47   图6-48

综艺音效： 一些用来提示或渲染氛围的音效。对Vlog创作来说更重要的是添加综艺音效，如搞怪的笑声、疑问声和"叮"声等。例如，在出现"顺利到达"的字幕时可以添加"欢呼"的音效，如图6-49所示。

当拼车出现价格的字幕时可以添加"硬币撒落"的音效，如图6-50所示。

当出现马不听话，没办法牵走的情况时，可以添加"倒霉"的音效，如图6-51所示。

图6-49   图6-50   图6-51

知道了音效的重要性后，在日常创作中就要时刻注意收集音效。平时拍摄可以收录同期声，如烹饪美食过程中切菜、烹饪的声音，吃东西的声音。收录同期声适合拍摄比较安静的环境，即周围没有其他杂音干扰的时候。也可以再找时间单独录制声音，还可以在网络中搜索音效素材并下载添加到视频中。例如，拍摄一段车水马龙的视频，但是周围人声嘈杂，无法使用同期声，就可以找一段车辆行驶的音效素材加入视频中。

另外，还可以在网络上搜索一些综艺节目的音效素材，让Vlog变得更有综艺感，或在短视频平台上下载一些热门视频的背景音效来使用。当然，以上所有都要注意版权问题。

6.4 旅行Vlog拉片

本节将通过制作一部完整的旅行Vlog，从头到尾、全方位地介绍这类视频是如何制作完成的。制作这类视频一般会有4个步骤。

明确目的。 故事的男女主人公计划一次西北旅行，从出发到结束一共花费了9天时间，在这个过程中会通过拍摄视频的方式记录旅行的生活和沿途的风景。出于这个目的，选择了用旅行Vlog的形式进行记录。

明确主题。 记录旅行的生活和沿途的风景，是旅行Vlog的必备要素。除此之外，这次旅行还附加了一个新的主题——"穷游"。旅行过程中可以围绕主题展开叙述，既使得在前期拍摄和后期剪辑中有一个明确的方向，又不会让成片中的故事变得太"散"。

开始拍摄。 因为是旅行，所以不方便使用太重的设备。旅行的整体是以游玩为主，记录为辅，不能本末倒置，在旅行中的大多数时候可以使用手机记录。由于旅行的一切都是未知的，所以拍摄的过程基本上是在遇到有趣的事、遇到美丽的景色时进行抓拍和记录。因为已经明确了"穷游"的主题，所以在拍摄过程中既要用镜头不断交代"穷游"的特点，也要通过主观视角，用a-roll的形式去面对镜头介绍行程和花费。

开始剪辑。 旅行回来后，面对大量的视频素材不知从何下手，剪辑时没有思路，那么可以看下面的内容，学习如何剪辑。

6.4.1 第1段

第1个镜头交代Vlog的主题，使用计算器配合"归零、归零"的计算器专属声音，计算着本次旅行的费用，突出Vlog的"穷游"主题，如图6-52所示。

给出主题封面，直观地为观众展现该Vlog的内容，这个封面通常作为视频的展示封面，如图6-53所示。

图6-52 图6-53

人物出镜，以a-roll的形式介绍此次旅行要进行的挑战——把人均5000的西北大环线旅行的费用减少一半，以人均2500元的消费完成一次西北旅行，如图6-54所示。

图6-54

紧接着播放此次旅行中遇到的困难，在破旧的招待所住宿，被子都已经发霉了，突出表现为了省钱完成挑战不惜一切代价，如图6-55所示。

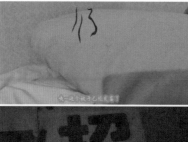 

图6-55

将主要的"穷游"主题交代完后画风一转,使用欢快的音乐交代主角开始西北之旅,兴高采烈地出发,从北京转车到西宁下车,如图6-56所示。

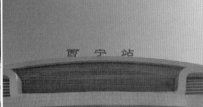

图6-56

下车到达西北,开始真正的旅行。每次消费时添加综艺效果的字幕在视频中,标注消费的费用,时刻紧扣主题。在表现金额的同时可以添加一个硬币掉落的音效,如图6-57所示。

图6-57

6.4.2 第2段

到达西北后遇到了第1个困难——高原反应和早起,为平淡的旅行故事添加了一些小波折,如图6-58所示。

图6-58

坐上汽车出发,使用甩镜头直接将画面衔接到下一个目的地——翡翠湖,如图6-59所示。每到达一个地方或每进行一次消费都予以标注,主题不仅要突出"穷",还要突出"游"。

图6-59

到达翡翠湖后,使用人物主体融入环境的远景镜头交代人物来到了翡翠湖,如图6-60所示。

以a-roll的形式出镜介绍当地的风景和此时的感受,时刻拉近与观众的距离,如图6-61所示。经常使用a-roll能让观众感受到创作者正在和他交流,视频会更能给人亲切感,更具感染力。

图6-60   图6-61

使用a-roll之后要适当地添加b-roll，使用第三人称视角以美丽的镜头语言呈现当地的特色风景。还可以添加电影黑边，以突然淡入的黑框提醒观众即将进入一段具有电影质感的画面。此时背景音乐渐入，让观众静静地欣赏美景。在b-roll中，无论是画质、构图、运镜，还是调色都有整体的提升，让观众有赏心悦目的观感，如图6-62所示。

图6-62

在b-roll后简单地介绍一些当地的旅行环境，坐车前往下一个目的地，如图6-63所示。

图6-63

添加一个车辆疾驰而过的空镜头作为转场，代表已经来到了旅途的下一站，如图6-64所示。

图6-64

添加在车中拍摄的窗外风景的画面，用镜头语言交代人在车内，作为马上到下一站的过渡画面，如图6-65所示。

图6-65

在画面中标注每一站的位置，一方面介绍"游"的地点，另一方面也告诉观众下一段旅途开始了。这里第1个镜头还是使用交代人物和环境关系的远景镜头，如图6-66所示。

交代到达的地点，如图6-67所示。添加在景区中拍摄的一段富有质感的b-roll，依然使用具有电影感的黑边渐入作为开场，如图6-68所示。

图6-66

图6-67

图6-68

b-roll后衔接一段a-roll，介绍已经来到了第3个景点。因为这里的环境和上一段"最美公路"环境相似，所以就不用使用过多的过渡和转折，直接使用人物介绍进行过渡，如图6-69所示。

图6-69

到达新景点还是先介绍环境，以及环境中的人物，如图6-70所示。

图6-70

再次组接一段有质感的b-roll，使用丰富的运镜，增添镜头语言。在保持稳定的前提下可以多使用一些运动镜头，只使用固定镜头会显得特别死板，如图6-71所示。

图6-71

在b-roll的最后使用Jcut转场，让下一段镜头的声音提前进入，直接过渡到晚上用餐的画面，如图6-72所示。

图6-72

吃饭会涉及花钱，用餐这一段要不断地讲述是如何在省钱和贪吃这两种心理中反复转变的。在这类Vlog中，每次涉及花钱的桥段都可以着重刻画，如图6-73所示。

图6-73

6.4.3 第3段

时间来到第3天，在视频的正中央添加字幕，以起到另起一段的作用，如图6-74所示。

在视频中要不断地展现出麻烦和意外，观众才会不断地被视频内容吸引。此时主角遇到的困难是唯一一趟前往敦煌的班车被她错过了，如图6-75所示。

图6-74

图6-75

出现问题就需要去解决，于是主角拼了一辆车。虽然问题解决了，但又带来新的问题，就是开销变大了，这样不断地出现意外，产生预算之外的支出，也让观众心中产生了能不能完成挑战的疑问，如图6-76所示。

图6-76

拼车后奔赴下一个目的地，一路上遇到的美景和堵车等问题都不是重点，可以一笔带过，如图6-77所示。

图6-77

到达目的地后使用旁白的方式介绍接下来的行程，如图6-78所示。

到达新景点，使用字幕标注景点的名字，同样起到另起一段的作用，如图6-79所示。

图6-78　　　　　　　　　　　　　图6-79

搭配一段b-roll，介绍当地的夜景，由于之前都是白天的景色，这里夜晚的寂静和空明感可以让观众沉浸其中并感到放松，如图6-80所示。

图6-80

图6-80（续）

此时使用a-roll讲述接下来发生的事情，要进行夜晚露营，睡在帐篷中简单地介绍露营前的经历，如举办了篝火晚会等，如图6-81所示。

图6-81

使用插叙的方式，一边介绍晚上的经历，一边插入当时的情形，如图6-82所示。

图6-82

要时刻不忘标注每一笔开销，讲述一些搭帐篷的过程，如图6-83所示。

图6-83

使用一个总结性的空镜头，添加意味深长的文字到画面中，以富含意境的画面作为本段的结尾，如图6-84所示。

图6-84

6.4.4 第4段

新的一天，交代旅行的进程并标注每一笔花费，如图6-85所示。

镜头不断交代到达下一个景点的内容和开销，如图6-86所示。

图6-85

图6-86

阳关古城是一个影视基地，在此可以拍摄古风武侠题材的影视短片，无须多余的镜头，直接衔接有质感、有武侠风格和有江湖气息的b-roll，将观众带入武侠江湖中，背景音乐也要使用与武侠风格相似的歌曲，直接将观众带入氛围中，如图6-87所示。

图6-87

　　如果片子的风格一成不变，容易让观众产生视觉疲劳。这里根据马不听话，需要一直牵着马前行的情况添加一段"你挑着担，我牵着马"的《西游记》配乐。画风突然变化能形成强烈反差，让观众感受到趣味性，令人眼前一亮，如图6-88所示。

图6-88

　　来到下一个景点，第1个镜头为阳关的标志性地点，然后逐步改变画面的焦段，让观众发现这不是实景，而是一幅画。用假的空镜头到一幅画"欺骗"观众，这时的背景音乐可以适当地做出反差对比，如图6-89所示。

图6-89

　　配合异域风情的背景音乐，添加一些b-roll画面带来不同的感觉，如图6-90所示。

　　用a-roll的形式介绍到了阳关博物馆并标注开销，如图6-91所示。

图6-90　　　　　　　　　　　　　　　　　　　　　　　图6-91

　　用b-roll的形式迅速展示景点的特色风景，如图6-92所示。

图6-92

　　到达阳关道，在标志性地标前停留，b-roll中出现人物，说出"西出阳关无故人"，交替使用a-roll和b-roll，如图6-93所示。

　　不断讲述旅行中发生的故事，如通过阳关需要答题等，在旅途中讲述小故事能增加观众的参与感，如图6-94所示。

图6-93 图6-94

　　继续穿插游览阳关时发生的故事，如射箭等，一开始摆拍的姿势很专业，但却没有成功将箭射出去，如图6-95所示。

图6-95

6.4.5 第5段

　　新的一天，新的行程，到达了莫高窟，介绍当地的情况并标注开销，如图6-96所示。

图6-96

时刻不忘添加一些小困难和小插曲，没买到想要的票和需要排长长的队，如图6-97所示。

图6-97

在无聊的排队过程中也要时刻点明主题，与观众互动，如图6-98所示。

到达莫高窟并介绍景点的情况，如图6-99所示。

图6-98　　　　　　　　　　　　　　　　　　　图6-99

拍摄当地的景色，这里拍摄时使用了一个小技巧，在景区游客较多的情况下可以适当选择仰拍，能够有效地避开人群，如图6-100所示。

图6-100

旅行地点的特色美食也需要介绍，如图6-101所示。

图6-101

敦煌之行结束，向酒泉出发。在酒泉经历了开篇中住在环境差、卫生差的招待所的一幕，通过a-roll详细地解释为什么会出现这种情况，以及面对的环境，如图6-102所示。

图6-102

图6-102（续）

6.4.6 第6段

开始新的行程，前往金塔胡杨林，如图6-103所示。

图6-103

利用a-roll和空镜头交代所见的景色和感受，如图6-104所示。

图6-104

图6-104（续）

来这里的目的是拍摄一段武侠短片《风》，运用当地枫树林的景色，直接展示拍摄的武侠短片，通过节奏感强烈的背景音乐让观众再次兴奋起来，如图6-105所示。

图6-105

拍摄结束后奔向下一站，如图6-106所示。

到达张掖，使用旁白的形式介绍此行的目的是看七彩丹霞，这时又迎来了新的意外和挫折——七彩丹霞只有在晴天时才能欣赏到，可是天气预报却显示第2天为阴天，如图6-107所示。

图6-106

图6-107

到达目的地后使用旁白和a-roll的形式对之前埋下的悬念进行解答，同时通过b-oll展现美景，如图6-108所示。介绍当地的美食，同时添加字幕标注费用，让观众猜测此次挑战能否成功，增加观众的参与感，如图6-109所示。

图6-108　　　　　　　　　　　　　　　　　　　　　　　图6-109

踏上回家的火车，如图6-110所示。揭晓最后的悬念，画面与开头呼应，挑战成功，完成本次的旅行Vlog拍摄，如图6-111所示。

图6-110

图6-111

第 **7** 章 多种风格视频的拍摄与剪辑

■ 学习目的

经过前面 6 章的学习，相信各位读者已经对视频的拍摄和剪辑技巧有了一定的掌握。本章将会讲解如何制作风格独特的视频等内容帮助读者掌握更多风格的创作手法，在未来的创作中适当置入具有风格化的视频，从而为自己的作品增色。当然也希望通过对本章的学习，各位读者能够举一反三，形成自己独特的风格。

■ 主要内容

· 文艺港风视频的拍摄   · 轻松搞定古风短视频

· 复古风格视频的奥义   · 武侠片/动作片也有套路

7.1 文艺港风视频

文艺港风电影有着极具风格化的视觉影像效果，它的表达方式拥有独特的电影美学特点。本节将讲解拍摄具有"文艺港风"电影风格的视频的方法。

7.1.1 文艺港风电影特点分析

通过使用拉片技巧对一些文艺港风的代表性电影作品进行解析，可以发现这些电影拥有很多共性，尤其是在影视化的表达手法上有着鲜明的特点。

· 台词

文艺港风电影注重对人物内心的刻画，更多地使用独白来表达人物内心的情感世界。它的独白有着强烈的风格色彩，如会经常使用精确的数字，如图7-1所示。

部分观众也曾调侃似地总结过台词套路，基本格式是"一个事件＋一个绕口的时间＋一个无聊事件"，按照这种格式就可以创作出独具风格的台词。

图7-1

· 拍摄

很多观众都会有这种感觉：这类电影中似乎看不到白天。这是因为电影中夜晚的画面较多，以及拍摄的夜晚具有独特的风格。夜晚一般能营造出一种冷色调，让画面偏蓝或是偏绿，虽然有时会夹带着一些黄色，但是整体几乎都是冷色调的。配合冷色调使用慢快门拍摄，会让夜晚更加迷幻，如图7-2所示。

图7-2

当然，较为经典也较具风格的是这类电影的手持稳定摄像。拍摄时将摄影机扛在肩上，形成了独树一帜的摄影方式，主要风格是手持、广角和魅惑的光线，既制造了强烈的运动感，又让复杂的环境简单化，紧紧地抓住了观众的视线。

· 结构

如果台词和拍摄是比较容易模仿的特点，那么独特的故事叙述结构则是一个很难展现的特点。第4章中讲过电影剧本的套路，传统电影一般通过三段式的结构讲述一个完整的故事，但这种电影更多地采用"碎片"式的叙事策略，让故事叙述越来越没有规则，因此观众有时会反馈"看不懂"。但是这种策略并没有胡乱地堆砌碎片，往往能使观众在"碎片"中产生共情。这正是模仿时难以把握的一点，所以在日常创作中要不断学习积累经验，在模仿的同时也要多看、多听、多感受，模仿不仅仅是为了模仿，也要通过外在风格化的学习来实现内在的提升。

7.1.2 拍出文艺港风视频

在拍摄时只要做到以下几点，拍出来的视频就会有浓厚的文艺港风特点。

· 将相机调至慢快门

慢快门是文艺港风突出的摄影风格特点。采用慢快门拍摄的方法非常简单，将相机的快门速度控制在1/30

秒以上即可。一般设置快门速度为1/8秒，设置后在进行手持跟随人
物拍摄时，摇晃的运动镜头会更加突出主体，让人物更有戏剧性，也
能紧紧抓住观众的视线。因为在进行慢快门拍摄时，被摄主体的运动
较为清晰，而主体旁边的人或物都随着画面的晃动而模糊，如图7-3
所示。

图7-3

在夜晚采用慢快门拍摄，尤其是配合着霓虹灯的光线时，可以塑造出人物迷离或迷失的感觉。在拍摄追逐
戏时可以使用这种方式来加强紧张的氛围，也能制造出强烈的运动感，如图7-4所示。

手持相机进行拍摄时，
可以在跟随的过程中通过
控制跟随的距离来不断切
换景别，让影片更有节奏
感，如图7-5所示。

图7-4

图7-5

慢快门配合三脚架在固定机位拍摄，镜头前行动的人物会产生长长的拖影效果。在拍摄时如果想让拖影不
那么长或晃动的虚化感不那么明显，只需要将快门速度调快即可。

· 充分利用前景

在拍摄人物时要充分利用前景，让人物呈现半遮半掩的状态，同时适当扩大光圈或使用中长焦镜头，让前
景虚化，以此来实现主体的突出，如图7-6所示。

通过这样的前景设置，
实现带有窥视感的镜头表
现。这种镜头的好处就是能
让观众有身临其境的感觉，
仿佛与故事的主人公处在同
一个场景中，如图7-7所示。

图7-6

图7-7

· 适当的运镜

在拍摄时不仅可以使用跟随镜头制造紧张感，还可以通过摇、移、
环绕等运镜制造一些迷失感和错乱感。例如，可以让人物运动的方向
和镜头运动的方向相反，如图7-8所示。

图7-8

又如，当人物在路口迷失方向，不知走向哪里，在原地从左到右打转时，镜头就可以与人物的运动方向相
反，从右向左环绕，让观众以主观视角感受到人物的迷失和错乱，如图7-9所示。

图7-9

· 充分利用光线

文艺港风的电影还特别擅长利用光影布景。在电影世界中似乎每一个夜晚都是那么浪漫和迷幻，经常用霓虹灯渲染空间氛围。在20世纪八九十年代，霓虹灯似乎也成了香港夜生活的标志。当要模仿这种风格来拍摄视频时，也要充分利用城市的夜景。为了还原霓虹灯的迷幻氛围，在拍摄时可以多利用夜晚马路上穿梭车辆车灯的拖影，更重要的是利用路口的红绿灯。

当红绿灯的红光和绿光照到人脸上时，很容易让人感受到霓虹灯的氛围感。在夜晚拍摄时可以利用路口的红绿灯和来往车辆的车灯，营造出具有风格化的光线效果，如图7-10所示。

图7-10

实例：抽帧剪辑技巧

素材位置	素材文件＞CH07＞实例：抽帧剪辑技巧
实例位置	实例文件＞CH07＞实例：抽帧剪辑技巧
教学视频	实例：文艺港风视频剪辑技巧.mp4
学习目标	通过剪辑营造文艺港风氛围

扫码看效果

在拍摄时降低快门速度很容易拍出文艺港风的效果，但是如果没有办法在前期降低快门速度，如光线条件、拍摄设备不允许，也可以通过后期剪辑来实现。在白天拍摄时，光线非常充足，如果设置的快门速度太慢，画面很容易出现过曝的情况。

可以采用"抽帧"的剪辑技巧来实现文艺港风的剪辑，最终效果如图7-11所示。

图7-11

01 将"素材文件＞CH07＞实例：抽帧剪辑技巧"文件夹中的"夜晚拖行李箱.mp4"素材导入"时间轴"面板中，使用"剃刀工具" ◆ 将画面的每一帧单独切开，保留每5帧中的1帧。例如，保留第1帧并删除第2、3、4、5帧，保留第6帧并删除第7、8、9、10帧，以此类推完成剪辑，如图7-12所示。

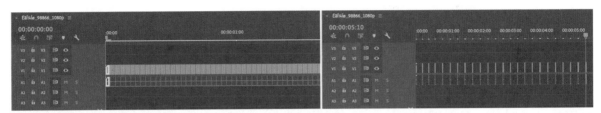

图7-12

02 依次复制并粘贴保留的每1帧素材，分别填充到被删除的空隙中。例如，将第1帧复制粘贴到第2、3、4、5帧中，这样就完成了抽帧剪辑，如图7-13所示。

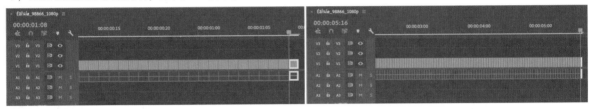

图7-13

03 还可以使用更简便的方法来进行抽帧剪辑，在"效果"面板中找到"色调分离时间"效果并将其应用到素材上。在"效果控件"面板中设置"帧速率"为4~6时，如图7-14所示。最终效果如图7-15所示。

图7-14

图7-15

7.2 复古风格视频

近几年，复古风潮犹如一阵狂风突然袭来。可能是这个时代下，人们在快节奏的生活压力中越来越多地怀念过去，所以复古也成了一种情怀。很多视频创作者都抓住了观众的复古情怀，制作出越来越多的复古风视频。本节就来介绍如何拍摄和制作具有复古风格的视频短片。

7.2.1 拍摄复古风格视频

拍摄复古风格视频，主要关注布景、光线和拍摄手法3个方面。

· **布景**

拍摄复古短片时要注重场地的场景搭配，以及人物的穿搭，可以在拥有较多复古元素的场地进行拍摄，如一些复古餐馆。在家中或其他比较小的空间内，也可以用一些简单色彩的背景布和一些有复古元素的物件营造复古的场景。例如，使用红色的绒布作为背景，在桌上放一盏复古的灯，如图7-16所示。

图7-16

· 光线

复古风格的视频中的光线都比较柔和，所以进行常规打光时，可以在光线前方放置一个柔光罩，如图7-17所示。

如果是在室内拍摄，在光线的塑造上可以利用一些废弃的纸壳，手工制作一些小道具，增强环境中的光影感，营造出一种温暖、温馨的复古感，如图7-18所示。

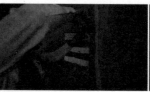

图7-17   图7-18

可以用剪刀在纸壳中间剪出3个矩形，然后将纸壳放置在光源前方，当灯光透过纸壳时，可以形成阳光透过窗子射进屋内的视觉效果，如图7-19所示。

· 拍摄手法

在拍摄手法上，复古风格的视频大多采用固定镜

图7-19

头，减少手持拍摄，可以偶尔增加一些简单的运镜，如推、拉、摇、移和甩等。另外，老电影中经常采用突然变焦的拍摄手法，这样可以营造出复古感。

实例：制作复古蒸汽波风格视频

素材位置	素材文件＞CH07＞实例：制作复古蒸汽波风格视频
实例位置	实例文件＞CH07＞实例：制作复古蒸汽波风格视频
教学视频	实例：制作复古蒸汽波风格视频.mp4
学习目标	通过剪辑营造复古蒸汽波风格

扫码看效果

蒸汽波原本是网络上诞生的一种音乐流派，这种音乐给人水蒸气一样的感受，在舒缓中又蕴含着复古和动感，因此在复古视频创作中经常作为一种流行的表现形式被创作者使用。本实例将通过Premiere制作出这种有着鲜明特点的复古风格视频，最终效果如图7-20所示。

图7-20

· 增添复古风格

01 将"素材文件＞CH07＞实例:制作复古蒸汽波风格视频"文件夹中的素材导入"时间轴"面板的V1轨道上,新建一个"调整图层"并放置在V2轨道上,如图7-21所示。

图7-21

02 在"效果"面板中找到"彩色浮雕"效果,将其应用到"调整图层"上。在"效果控件"面板中设置"彩色浮雕"效果的"方向"为"45.0°"、"起伏"为"30.00","对比度"为"30",如图7-22所示。效果如图7-23所示。

图7-22

图7-23

· 调整复古色彩

01 在"效果"面板中找到"颜色平衡(RGB)"效果,将其应用到"调整图层"上。在"效果控件"面板中设置"颜色平衡(RGB)"的"红色"为"100"、"绿色"和"蓝色"为"0",这时视频会呈现红色的效果,如图7-24所示。

图7-24

02 设置"不透明度"效果中的"混合模式"为"滤色",这时视频素材会呈现偏红色的效果,类似于老电视放映存放时间太久的胶片的效果,如图7-25所示。

图7-25

03 设置"颜色平衡(RGB)"效果,通过拖曳滑块具体设置"红色"为"54",如图7-26所示。效果如图7-27所示。

图7-26   图7-27

· 加入复古素材

01 为了让视频更有复古的
感觉，这里使用一个老电影
胶片的素材，将"素材文件
＞CH07＞实例：制作复古蒸
汽波风格视频"文件夹中的
"老电影素材.mp4"素材导
入V3轨道上，如图7-28所示。

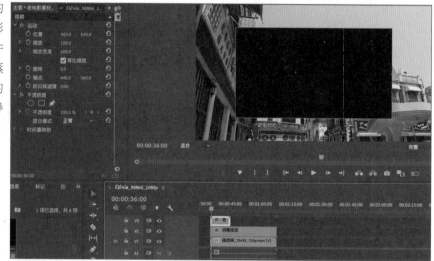

图7-28

02 这时如果素材没有铺满整个屏幕，在"效果控件"面板的"运动"中设置"缩放"的参数来缩小或放大素
材，如图7-29所示。

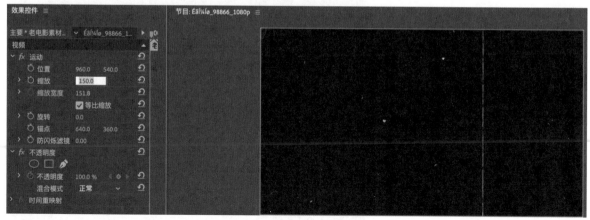

图7-29

03 设置"不透明度"效果中的"混合模式"为"滤色"，同时根据自己的喜好通过设置"不透明度"来决定胶
片效果是否明显，这里设置"不透明度"为"70.0%"，如图7-30所示。复制设置后的素材到后方部分，使这段
视频持续存在该效果，如图7-31所示。

图7-30

图7-31

· 调整视频比例

01 以前拍摄的视频大多数是为了适应电视机的比例，其长宽比较小，为了营造复古风格，需要调整视频的比例。在"项目"面板中单击鼠标右键并执行"新建项目＞颜色遮罩"菜单命令，如图7-32所示。

02 将"颜色遮罩"图层拖曳到V4轨道上，并重命名为"复古比例遮罩"，设置遮罩的"颜色"为"黑色"，用黑色遮罩遮住视频的左边部分，设置"位置"的x轴参数值为"－450.0"，如图7-33所示。

图7-32

图7-33

03 将"复古比例遮罩"图层复制一层，并放置在V5轨道上。设置"位置"为"1730，360"，遮住视频右侧部分，实现对视频比例的调整，如图7-34所示。

图7-34

· 套入胶片风格预设

01 新建一个"调整图层"对视频进行胶片风格的调色。打开"Lumetri颜色"面板，在"创意＞Look"中选择一个自带的胶片风格预设并应用到"调整图层"上，如图7-35所示。

02 对预设进行胶片风格化处理。在"调整"中有"淡化胶片"的设置，这里要为原始的素材增添胶片化的风格效果，当其数值为"0"时表示未添加任何效果，数值越大胶片的风格就越明显，因为不需要太强烈的胶片感，所以设置"淡化胶片"为"25.0"，如图7-36所示。

技巧提示

Premiere自带的前几项LUT都偏胶片风格，读者可以根据自身喜好和需要自行选择。

图7-35　　　　　　　　　　　　图7-36

· 增添复古风格动态效果

01 调色完成后为视频整体增添动态效果。在"效果"面板中找到"波形变形"效果并将其应用到新的"调整图层"上，如图7-37所示。

图7-37

02 在"效果控件"面板中设置"波形变形"效果，设置"波形类型"为"正方形"。因为需要波动的动态为水平波动，所以设置"方向"为"180.0°"、"波形宽度"为"500"、"波形速度"为"0.1"，如图7-38所示。这样就完成了复古蒸汽波风格视频的制作，最终效果如图7-39所示。

图7-38

图7-39

7.2.2 复古风格视频的声音制作

在复古风格的视频中，声音元素也非常重要。加入场景音效会为视频增加代入感，通过声音让视频的质感变得复古。场景音效包括钟表整点报时的声音、指针跳动的机械声响、翻书和写字的声音等。

当然在视频的整体声音中，人物讲话或其他环境音都可以通过Premiere进行复古风格的处理。在"效果"面板中找到"高通"或"低通"效果，将这两个效果中的任意一个拖曳到音频素材上，就形成了具有复古风格的音频，如图7-40所示。

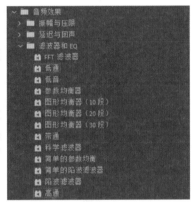

图7-40

"高通"效果是高通滤波器，即高频信号能正常通过，而低于设定的临界值的低频信号会被阻隔、减弱。"低通"效果则是低频信号能正常通过，而超过设定的临界值的高频信号会被阻隔、减弱。因为复古的声音会出现信号被不同程度地损坏的情况，所以需要根据实际情况选择效果。

另外在一些复古视频中，经常会出现一些从老电视机、老电台里传来的声音。要实现这样的效果，可以在"基本声音"面板中单击"对话"按钮，设置"预设"为"从电话"或"从电台"，这样即可得到复古的从电话、电台里传出的声音，如图7-41所示。

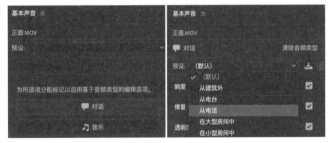

图7-41

7.3 把古风视频拍出韵味

随着国人的文化自信不断增强，汉文化受到越来越多的年轻人追捧，古风视频也正由小众化逐渐走进大众的视野。在一些古镇或古建筑景区经常会看见有人穿着汉服在拍摄照片和短视频，并配上流行古风音乐，也经常会看见有人拿着团扇酒杯来演绎一段古风短剧。我们经常会发现，自己虽然穿上了传统服饰，但是拍摄出的视频却不伦不类。如何把古风视频拍出韵味，就是本节将要讲解的内容。

7.3.1 拍摄前的准备工作

本小节将对拍摄前的服装、化妆和道具等准备工作进行介绍。汉服存在固定的形制，比较讲究，一般发型妆容要跟衣服形制处于同一个时期，如唐风的妆容都很有特色，要是搭配宋制或明制汉服就显得很奇怪。每个朝代的妆容都有其自身的特点，一般唐风比较雍容大气、魏晋风比较飘逸、宋风比较温婉、明风比较端庄。接下来将展示各个时代的妆容。

秦汉时期庄重风格的妆容如图7-42所示。

图7-42

魏晋时期飘逸风格的妆容如图7-43所示。

图7-43

唐代雍容大气风格的妆容如图7-44所示。

图7-44

宋代温婉风格的妆容如图7-45所示。

图7-45

明代端庄风格的妆容如图7-46所示。

图7-46

服化道还是要为拍摄服务，即根据不同的拍摄风格，准备相应的服装和道具，并且做出相应的造型。拍汉服比较常用的道具有酒杯、扇子、发簪、伞、民族传统乐器（箫、笛子、古琴等），还有书和笔墨纸砚等。

7.3.2 古风视频的创作流程

古风视频的创作流程一共可以分为5个部分，分别是策划主题、创作脚本、撰写分镜头脚本、拍摄和剪辑。

· 策划主题

在拍摄视频前，策划主题这个步骤必不可少，否则可能会出现拍到一半不知道想要拍什么的情况。这样很浪费时间，而且后期会攒下一大堆素材，在剪辑时将无从下手。

那么该如何确定拍摄主题呢？可以根据衣服的风格去策划主题，如图7-47所示。

图7-47

接着是挑选背景音乐，可以在音乐软件中搜索想要的风格的音乐，再选出自己中意的音乐素材。或者在遇到自己喜欢的音乐后，根据音乐的风格去选择相应的衣服。有了衣服和背景音乐，基本就可以确定拍摄主题了。

· 创作脚本

初学者不用创作很复杂的脚本，不需要表达太多内容，应从简单的入手，先写只包含一句话的脚本，内容就是什么人在什么地方干什么事。例如，在苏州园林拍摄中，女主角刚刚买到了一件新汉服，根据这件汉服挑选合适的背景音乐，然后写"清秀活泼的名门小姐在庭院中放风筝"的脚本，如图7-48所示。

图7-48

· 撰写分镜头脚本

围绕一句话的脚本进行分镜头脚本的创作。想要拍摄人物主体拿着风筝跑去放风筝的镜头，可以将场景分为室内和室外两个部分，第1个镜头拍摄人物往外跑去，第2个镜头在室外拍摄人物跑出，第3个镜头在室内从人物背后拍摄跑出的动作。

在室外场景中，室外的镜头内容要组接室内的镜头。因为室内镜头的最后是人物往外跑去，所以室外的第1个镜头就是人物朝着镜头跑来。

这里要注意，在组接相邻两个镜头时要使用不同景别或不同机位。如果刚开始拍摄时掌握不好镜头之间的组接，则可以使用比较简单的景别递进式，首先拍远景（或全景），然后递进到中景（或近景），最后递进到近景（或特写），如图7-49所示。

图7-49

· **拍摄**

以前面的向外跑出的分镜头脚本举例，讲解对应脚本应该拍摄怎样的画面。第1个镜头拍摄人物往外跑去，第2个镜头在室外拍摄人物跑出，第3个镜头在室内从人物背后拍摄跑出的动作，如图7-50所示。

图7-50

· **剪辑**

在古风剪辑中可以巧妙地运用升格，使视频变得更加唯美。这里可以在每个音乐节奏的末尾加上升格，让古风视频更有韵味，如图7-51所示。

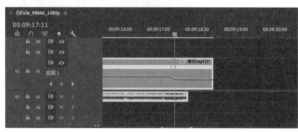

图7-51

7.3.3 古风拍摄技巧

古风摄影中场景是一个很关键的要素，合理构图、巧妙利用景别能提高成片质量。例如，苏州园林中是有名的景区，游客的数量会比较多，所以需要尽量早点前往拍摄。首先需要拍摄比较大的场景，因为人少时不会有太多穿帮镜头，后期进行剪辑时也方便修片，如图7-52所示。然后待人多了，再拍摄小场景，比如一些人物的中近景。

先拍摄远景还有一个好处，就是模特刚到环境中，还不一定能掌握好古风人物的神韵，这时可以拍摄一些大景别，让模特感受氛围、寻找感觉。拍摄时，也不用太在乎模特的神情。拍摄远景时，可以使用一些前景营造古风氛围，也可以使用低镜头，如在前景摆放一些花草等，如图7-53所示。

大景别拍摄完成后，模特会慢慢地找到感觉。可以找一个有山、水、树林的地方，让模特不停地做动作，捋头发和撩水等都可以，从各个角度抓拍，如图7-54所示。

图7-52   图7-53   图7-54

技巧提示

一个汉服摄影的小技巧——拍影子。有墙的时候拍墙上的影子，有镜子的时候拍镜子中的画面，在有水的地方一定要拍摄水中的倒影。

在人越聚越多的时候，需要换一个人少的角落拍摄，如图7-55所示。

因为这时没人的地方景色一般不是特别好，所以注重的就不是场景和构图了，而是模特的状态。模特通过之前的拍摄已经逐步适应了场地并找到了感觉，此时的拍摄主要是展示模特的古风神韵，需要更加注重模特的表情和动作。为了更好地表现表情和增加一些动作，准备的道具就可以派上用场了。风筝是一个表现古风较好

的物件，可以让模特拿着风筝转圈、眼睛看向风筝、拿着风筝跑起来等，如图7-56所示。

图7-55　　　　　　　　　　　　图7-56

技术专题：缓解模特的紧张感

当在拍摄非专业的模特或演员时，经常会出现模特越拍越紧张的情况。这样其动作会变得不协调，表情也会变得不自然，似乎原本顺畅的拍摄变得艰涩起来。这时如果使用一些小道具，会让模特无处安放的双手有归属感。当模特手里拿着东西时，其紧张感能得到缓解，动作也会变得自然，如图7-57所示。

除此之外，使用道具还可以为模特增添很多动作设计，让模特的动作更丰富，越拍越自然，而且增加了视频的设计感，丰富了构图的层次感。

图7-57

因为刚开始拍摄时选择了远景、大远景，所以后面就尽量选择全景、中景或近景。在拍摄一些局部特写时，既可以规避不好的环境，也可以巧妙地避开人群，再充分利用一些前景，一组汉服主题的视频素材基本上就拍摄完成了。

7.4 不会功夫也能拍动作大片

在商业电影中，功夫片或动作片通常会作为一个单独的类型存在，很多观众也非常喜欢在电影中看到一系列酣畅淋漓的打斗镜头。想要拍摄出一部优秀的动作短片，关键是需要优秀的动作演员及优秀的武术指导，他们会编排打斗动作，能呈现出完美的视觉效果。如果要低成本拍摄制作动作片，在不邀请动作演员和武术指导的前提下，可以通过对多种拍摄、剪辑手法的运用来完成一部优秀的动作片，如图7-58所示。

图7-58

7.4.1 一个人也能拍武侠风格视频

拍武侠风格的视频，一般都需要大制作，从服装、化妆、道具到场景、演员，需要在前期做很多准备的情况下才能顺利完成拍摄。但对喜欢这类风格的视频创作者来说，如果没有人力、物力和财力，只有一个人，其实也可以完成武侠风格视频的创作。本小节将讲解如何只用一台相机或一部手机拍摄武侠风格视频，如图7-59所示。

图7-59

在视频中只存在一个主体人物的条件下，构建合理的故事环境非常重要，即在故事中一定要让观众产生还有很多角色即将登场的感觉，或者至少有两个角色存在于故事中的感觉。

要做到这一点，就需要构建一个故事环境。例如，在一个下雨天，如果主体人物打着伞站在街头，就是一个人的故事，如果让主体人物坐在窗边，时不时焦虑地看着窗外、时不时看着手里的玉佩，这样相互穿插的镜头会让观众感受到主角在等待另一个角色，哪怕等的那个角色没有出现，大家也会感受到故事中有两个角色存在。

下面通过4个方案做一个演示。

方案1：追逐。 拍摄主角被反派追赶的场景时，反派的脸可以不在镜头中出现，但是需要通过多个景别拍摄主角、拍摄反派骑马时脚的特写，这样由一人扮演两个角色，利用交叉蒙太奇的方式不断穿插主角和反派的特写，就能营造追逐的紧张感，如图7-60所示。

方案2：练武。 可以拍摄主角偶然间得到一本武林秘籍，外面有多个武林高手要抢夺这本秘籍，而主角躲在远离人世的地方偷偷练武，如图7-61所示。

方案3：窥探。 主角在暗中调查一件事，她来到一个庙宇或某个环境中，在这里不断寻找线索，通过人物寻找的过程，以及一些线索的特写，进行交叉剪辑，可以增添意境，如图7-62所示。

方案4：寻人。 主角要寻找江湖中销声匿迹的隐士或某位亲人。在拍摄时可以拍摄主角一边寻找，一边发现线索，随着发现的线索越来越多，离要寻找的人越来越近的场景，如图7-63所示。

图7-60

图7-61

图7-62

图7-63

7.4.2 拍摄酣畅淋漓的动作戏

在拍摄打斗场景时可以通过选择合适的相机镜头，以及运用手持拍摄手法让打斗变得更加酣畅淋漓。具体使用以下3种方法进行拍摄。

选择长焦镜头压缩空间。 前面介绍过不同焦段镜头的特点，在拍摄动作戏时可以充分利用长焦镜头压缩空间的特点。例如，在拍摄两个人物时，即使两个人物距离较远，也能通过镜头让观众感觉两个人物离得很近，这样两个人物在打斗时，观众会误以为人物在近距离肉搏，其实两个人物是在保持安全距离的前提下，通过借位表现激烈的打斗，如图7-64所示。

图7-64

利用跟随拍摄增强激烈氛围。 在拍摄时可以适当采用一些跟随拍摄的手法，根据打斗人物的动作不断移动摄影机，这样拍摄出来的画面一方面具有动感的效果，另一方面能让观众有代入感，感受激烈打斗的氛围，如图7-65所示。

图7-65

拍摄时要利用前景遮挡物。 在拍摄一个人的武侠短片时可以利用前景遮挡物，以及使用俯视镜头，这样会让观众认为场景中还有其他人，也能制造出悬疑感，从而让人物和故事都丰富起来，如图7-66所示。

图7-66

7.4.3 武侠动作片的剪辑秘诀

相信每个人小时候都有一个大侠梦，都幻想着能够飞檐走壁、傲视群雄，由此拍摄一部武侠动作片也成了很多视频创作者的心愿。但是当不具备盖世武功时，如何能拍出精彩的打斗场面呢？本小节就来介绍武侠动作片里的剪辑方法。

- **剪辑反应镜头减少表演难度**

反应镜头指后一个镜头表现的是前一个镜头产生的结果。在打斗戏中比较常用的就是反应镜头，简单来说就是攻击者的动作组接被攻击者的反应。例如，当第1个镜头是女主角出拳打女配角，第2个镜头就是女配角连连后退的画面。这就形成了一组简单的打斗镜头，由女主角的攻击动作组接女配角被攻击的动作，如图7-67所示。

当然这时可以通过两个特写镜头实现一个不真实的打斗场景。例如，第1个镜头给主角出拳的特写，第2个镜头给配角吐血的特写，一次打斗就完成了，这样两个镜头的组接大大降低了演员表演的难度，如图7-68所示。

图7-67　　　　　　　　　　　　　　　　图7-68

技巧提示

剪辑时多利用反应镜头的组接，可在降低前期拍摄难度的同时实现动作戏的连贯性。

- **剪辑时多利用空镜头**

在一个人拍摄武侠风格的视频时要多利用空镜头来营造对手戏的感觉。在人物和空镜头之间不断切换，一会儿是人，一会儿是空镜头，让观众时刻感觉在这个环境中存在其他人，只不过自己暂时还未看到，如图7-69所示。

图7-69

当树上的鸟飞走，可能意味着这棵树上刚刚有人。因此使用树上飞走的鸟这种空镜头，可以营造有多人在场的氛围，这样的环境会让人物和故事丰富起来。

· **把控剪辑节奏**

在拍摄打斗的过程中，难免会出现追逐画面。在追逐过程中一定要用多景别、多角度、切换较为快速地拍摄画面体现，这时可以进行仰拍。例如，脚从相机前迈过，如图7-70所示。也可以在奔跑时多利用前景的遮挡物来体现奔跑的速度感，如图7-71所示。

图7-70

图7-71

在剪辑追逐动作时不能直接表现人物突然停下的画面，而可以用脚步的慢动作作为缓冲，如图7-72所示。

在打斗时经过一连串的激烈动作后一定要有节奏的变化，这样才能体现出打斗的精彩，通常会在合适的动作节点或声音节点处加入升格，来实现节奏的起伏。升格一般用在动作的特写或人物脸部的特写处，如图7-73所示。在升格后突然完成速度变化，让打斗更紧张、更富有节奏感。

图7-72   图7-73

第 **8** 章 商业活动快剪视频的
拍摄与剪辑

■ 学习目的

　　随着短视频的兴起，越来越多的企业需要寻找具备能力的短视频制作者，将企业的线下活动、商业宣传等制作成一系列时间短、传播性强，以及适合抖音、"朋友圈"等平台发布的短视频。因此需要学会如何对商业活动进行拍摄和剪辑，以迎合市场需求，进而快速地实现盈利。

■ 主要内容

· 商业活动快剪前应做的准备

· 如何拍摄商业活动快剪视频

· 如何快速高效完成商业活动快剪

· 掌握商业活动快剪的秘诀

· 掌握这些要素能够让剪辑效率翻倍

8.1 商业活动快剪视频的拍摄

本节将具体介绍商业活动的拍摄和剪辑秘诀。

8.1.1 商业活动拍摄前的准备

商业活动的拍摄具有即时性的特点，如果在拍摄前期不做好准备，就很容易导致拍摄失败。因此在拍摄商业活动前，一定要做好充足的准备。具体要做好以下3方面的准备。

获得活动流程清单。无论是拍摄企业庆典，还是年会、发布会等活动，在接到拍摄任务时都一定要与甲方确定活动流程，以及每段流程的重点内容，需要重点拍摄的人物、动作和事件等。例如，某企业重要领导将在某个环节中为企业剪彩，这一条就是拍摄时的重点，可以在流程清单上做出标记，避免拍摄时遗漏重要环节。活动流程清单如图8-1所示。

图8-1

确定成片风格。在掌握活动的方案、流程等细节后，需要根据内容确定拍摄风格，是快节奏的炫酷短视频还是慢节奏的唯美视频，是完整的活动记录还是碎片式的活动快剪，这些内容都需要在活动前与甲方达成共识。

准备好拍摄设备。要提前准备好拍摄设备，如所需的镜头、三脚架，为相机充好电等，如图8-2所示。在商业活动拍摄前，需要与甲方确定好拍摄器材和呈现出的画质，同时要根据与甲方达成的协议，选择是否需要广角、航拍等器材。另外，如果存在多机位拍摄，要提前将多台机器的画质、色彩、白平衡和帧速率等设置一致。

图8-2

8.1.2 规划拍摄方案

在前期和甲方确定好视频的风格，并获得了活动的流程后，就需要开始规划拍摄方案，确定一些基本镜头。想好要拍摄什么和不拍摄什么，使用什么样的拍摄手法，这是在拍摄之前需要考虑好的。

在拍摄前要将后期想要剪辑的内容大致记录下来，形成具体框架，这样可以尽量做到不遗漏镜头。另外，还需要构思活动视频需要有哪几部分。以活动分为室内、室外两部分为例，室外部分就需要拍摄店名、门面等信息，室内部分就需要拍摄环境、活动过程和人员特写等。

8.1.3 拍摄有效的素材为剪辑打好基础

在商业活动的拍摄过程中，如果漫无目的地拍摄大量素材，会给后期剪辑造成巨大的压力。因此只有准确、有效地拍摄需要的画面，才能为剪辑打好基础。

- **选择合适的镜头**

在进行商业活动拍摄时，为了能更及时地获得拍摄所需素材，一般选用变焦镜头进行拍摄，27~70和16~35毫米变焦镜头比较合适。如果只能携带一枚镜头，16~35毫米变焦镜头更好，16毫米端能拍出更有气势的场面，35毫米端兼具了人文纪实视角，也适用于现场纪录，如图8-3所示。

图8-3

- **准确把握景别**

在进行商业活动拍摄时，对不同场景要选择不同的景别，确保达到想要的拍摄效果。在拍摄活动场景时使用远景、大远景来体现活动场面的气势，如图8-4所示。

拍摄主要领导时要使用正面的中近景，如图8-5所示。在产品发布时，可以拍摄近景或特写镜头。

图8-4　　　　　　　　　　　　　　　　　　　图8-5

在整体活动中，全景和中景的使用频率要高于近景和特写。在需要特写镜头时，可以通过后期剪辑对原有镜头进行拉伸。由于快剪视频中每个镜头的持续时间较短，因此可以忽略拉伸后的画质损失。

- **拍摄关键性镜头**

拍摄商业活动快剪视频有别于其他视频创作，它更多基于甲方对视频的要求，也就是说它需要更多地突出商业属性。有质量地拍摄出关键性镜头，是做好商业活动快剪视频的关键。

什么是关键性镜头？一般在商业快剪视频中，企业的Logo、活动的标识、主要领导的正面中近景及其特殊的动作（如剪彩和颁奖等）都是关键性镜头。另外，甲方有时会根据需要提出一些特殊要求，在拍摄时一定要注意。

- **提前预判与抓拍**

由于商业活动具有即时性的特点，一旦错过某个重要镜头则很难补救，因此在拍摄时一定要做好提前预判。一方面，要对照好活动流程表，了解哪个环节会有哪位重要人物或重要行为出现，这时可以提前开机。另一方面，在一些可能出现效果的场面也要进行预判提前开机，如在领导讲话即将结束时将镜头对准观众，拍摄观众鼓掌的场面，如图8-6所示。

在活动拍摄中也不要完全模式化，要多抓拍现场一些有趣的场面，抓拍既可表现活动的生动性，又可以在后期剪辑中挑选出有特色的镜头，同时也可以让活动快剪视频更具纪实性和真实性，如图8-7所示。

图8-6　　　　　　　　　　　　　　图8-7

8.2 商业活动快剪视频的剪辑

商业活动快剪，在剪辑上要突出"快"的特点。这类视频经常对即时性和实效性有所要求，甲方期待能在活动结束后的第一时间完成发布，甚至在活动过程中就已经完成了制作。例如，在一个整天的活动中，甲方一般要求在上午、中午和晚上的3个时间段，都对活动情况发布一个快剪视频，这就要求在前期拍摄和后期剪辑时都保持"快速"。

8.2.1 快剪剪辑模式

要想做到在剪辑上快速出片，就要明确剪辑思路，只有思路清晰，才能快速准确地制作出让甲方满意的视频。制作快剪也存在一些方法，学会这些方法就能够实现快速出片。

- **确定总分总的思路**

商业活动快剪往往遵循着"总分总"的剪辑思路，首先出现活动的全景或远景，全方位地交代活动的环境和场景，然后在中间插入活动过程中有代表性的镜头，最后以活动结束的合影、Logo、名称作为结束。

- **确定首尾镜头**

一般商业活动快剪视频的长度为10～15秒，因为部分短视频平台只能发布15秒长的视频，所以大多数商业活动的快剪视频长度都在这个范围内。组成快剪的镜头都在15个以上，根据风格、节奏的不同会有所增加或减少。

镜头切换得快，就要求在选择镜头时一定要突出每个镜头的属性，比较重要的就是开始的镜头和结尾的镜头。确定好首尾镜头，快剪视频就完成了一半。

首个镜头一般选用活动的正面镜头，使用比较能概括活动的画面，景别以远景、大远景为佳，可以正面展示活动的场面，如图8-8所示。如果有航拍镜头，那也是不错的选择。在首个镜头中尽量体现活动的Logo或某种特殊的标识，如图8-9所示。

图8-8

图8-9

在整段视频的最后一个镜头，结尾方式一般有两种。一种是总结式结尾，用最后一个镜头进行活动总结，通常为活动的合影，或者是结束的狂欢，如图8-10所示；另一种是突出主题式结尾，在视频的最后再次放出活动的Logo、主题、主要人物、活动影响力等，如图8-11所示。

图8-10

图8-11

- **剪辑中突出关键性镜头**

确定好视频的开始和结尾后，中间就可以根据音乐的节奏添加关键性镜头。可以是活动中重要的人物，如主要领导、特邀嘉宾等，如图8-12所示。也可以是活动中的重要环节，如领导讲话、活动剪彩、颁奖等，如图8-13所示。还可以是其他具有代表性，可以让观众一眼就能明白的镜头，如活动的具体内容等。前期拍到了这类关键性镜头，后期一定要在剪辑中加以强调。

图8-12   图8-13

同样也可以穿插活动的标识，主办方或品牌方的Logo、活动主推产品的特写，如图8-14所示。为了增添活动的趣味性，也要加入一些现场的抓拍、观众的反应等，如图8-15所示。

图8-14   图8-15

因为商业快剪有剪辑速度快、成片时长短的特点，所以在很短的时间内，完成对关键性镜头的突出强调，是决定客户是否对成片满意的重要因素。在商业快剪中如何对关键性镜头进行强调呢？有3种常用方法。

方法1：使用景别强调。 景别强调通常用在关键人物身上，如在会议上突然使用一个近景或特别的景别来拍摄一个人物，让观众下意识地感受到这个人物的重要性。在领导讲话中经常会使用这种方法。

方法2：用时间强调。 当快剪一系列镜头一闪而过时，突然有一个镜头使用了升格，那么观众会被瞬间吸引住，这会起到突出和强调的作用，经常在插入商品或Logo时使用。

方法3：用音效强调。 当要强调某个镜头时，可以在此之前的画面中使用一些带有悬念、延长的音效，如礼花绽放之前的爆炸声，当需要强调的画面出现时，将礼花绽放时的声音加入，通过音效来引导观众注意后面的画面。

8.2.2 背景音乐是"快"的关键

上一小节介绍了商业活动快剪的大致思路和模式。但是某个活动的视频具体该怎么剪？如何能以较快的速度确定剪辑内容，实现最终成片？关键是找到合适的背景音乐。

因为在同样的快剪模式中使用不同节奏、风格的背景音乐，会得到不同的效果。所以确定了背景音乐后，基本上可以确定快剪的风格、节奏的变化，再添加开篇、结尾和关键性镜头，就基本完成了快剪。那么如何找到合适的背景音乐呢？

寻找背景音乐要根据活动的主题来进行，时尚活动可以使用夹杂着电音的音乐，儿童活动可以使用包含卡通元素的音乐，企业发布活动可以使用大气磅礴的背景音乐，这些都可以通过输入关键词在相关音乐软件中找到。

> **技巧提示**
>
> 对快剪的剪辑师来说，一般很少在剪辑时才寻找背景音乐，而是在日常工作和学习中会收集、整理所有能用的素材，在剪辑时只需直接从音乐素材库中挑选合适的即可。

在日常工作和生活中一定要积累背景音乐等素材。积累的方法有两种：一种是多听，听不同风格的音乐后节选需要的部分。另一种是多看，多看不同商业活动的快剪作品，学习别的剪辑师是如何使用背景音乐的，遇到好的背景音乐要收集保存。那什么样的音乐适合在快剪中作为背景音乐呢？

音乐节奏不能过于平淡，从波形图中可以看出音乐整体是否缺少变化，如图8-16所示。

音乐不能使用过多鼓点，因为鼓点太多容易将快剪变为纯"卡点"的视频，会很枯燥，过于娱乐化的音乐也会降低视频的品位。从波形图能看出这类音乐"卡点"的节奏十分明显，如图8-17所示。

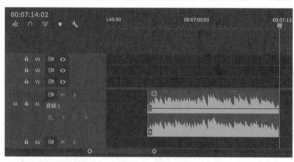

图8-16 图8-17

比较合适的音乐是富有层次感的，第1个部分比较舒缓，第2个部分有强烈的节奏感，第3个部分有起伏且紧凑。3个部分合在一起有很强的层次感，如图8-18所示。

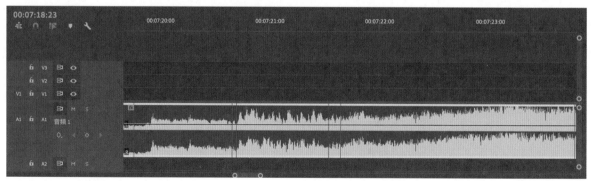

图8-18

8.2.3 节奏：快剪的核心

对商业活动快剪短视频来说，剪辑的核心就是节奏。在满足甲方所需要的一些镜头后，如果能把视频剪出节奏和层次，这个视频就是成功的。

· 突出节奏变化

虽然前面曾多次介绍不同类型的视频要如何实现节奏感，但是商业活动的快剪节奏，更多是跟随音乐的节奏。确定背景音乐后，就可以根据背景音乐进行有节奏、有层次的剪辑。具体可以参考以下3种方法进行剪辑。

方法1：景别"三一变"。通过景别的变化来改变视觉的节奏，在确定好开始和结尾的画面后，中间部分可以采取在3个连续的远景或全景镜头后立刻切换到特写镜头的方法，用景别突出节奏。3个全景镜头用来描述活动的内容，向观众展示活动的流程，特写镜头用来描写活动中重要的细节部分。

> **技巧提示**
>
> 也可以反过来使用这种方法，即使用3个特写镜头接1个全景镜头。

方法2：视角"三一变"。按照音乐的节奏，前面3个镜头使用平视的镜头角度，第4个镜头使用仰拍或俯拍这种存在变化的镜头。

方法3：速度"三一变"。将连续3个或多个镜头快速地切换后，第4个镜头突然慢下来，甚至可以使用升格来突出节奏上的明显变化。

> **技巧提示**
>
> 以上3个镜头并不是只能使用3个镜头，可以根据实际情况改变数量，重要的是读者要掌握这种方法并能举一反三，最终剪辑时还是要根据实际情况具体分析，不能一成不变。

· 用好闪黑、闪白和转场特效

商业活动快剪中为了增强活动的震撼感和视频的节奏感，可以使用闪黑和闪白效果。根据背景音乐的节奏，增添闪黑和闪白效果，能迅速增强视频的整体节奏，进而将视频推向高潮。

实例：制作闪黑、闪白效果

素材位置　素材文件＞CH08＞实例：制作闪黑、闪白效果
实例位置　实例文件＞CH08＞实例：制作闪黑、闪白效果
教学视频　实例：制作闪黑、闪白效果.mp4
学习目标　学习制作闪黑、闪白效果

扫 码 看 效 果

制作闪黑、闪白效果其实非常简单，只需要在素材上方轨道上加入黑色或白色的遮挡，掌握好闪黑、闪白的频次，即可完成闪黑、闪白的效果。唯一需要注意的是闪黑、闪白要根据后期视频的整体节奏加入，如果节奏掌握不好，容易被观众误认为是拍摄时摄影机出现了故障，最终效果如图8-19所示。

图8-19

01 在Premiere中执行"文件＞新建＞序列"菜单命令，在弹出的"新建序列"对话框中设置"可用预设"为"ARRI 1080p 23.976"，新建一个名为"闪黑"的序列，如图8-20所示。

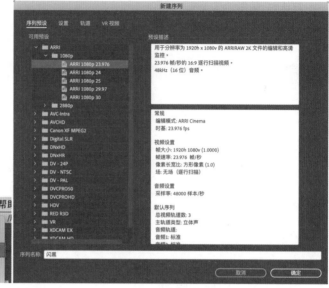

图8-20

02 将"素材文件>CH08>实例:制作闪黑、闪白效果"文件夹中的"73568.mp4"素材导入"项目"面板中并将其拖曳到"时间轴"面板的V1轨道上,如图8-21所示。

图8-21

03 在"项目"面板中单击鼠标右键,执行"新建项目>黑场视频"菜单命令,在弹出的"调整图层"对话框中根据素材的大小设置好相应的黑场,如图8-22所示。

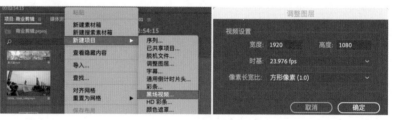

图8-22

04 将创建好的"黑场视频"图层拖曳到"时间轴"面板的V2轨道上,使用"剃刀工具" 将黑场切割成小段,每两帧进行一次切割,一直切割到00:00:01:18处,删除后面多余的黑场,如图8-23所示。

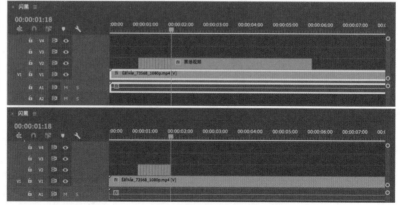

技巧提示

节奏越快,需要的黑场就越密集。

图8-23

05 每隔一个切割的黑场就删除一个黑场,此时就会出现闪黑效果,搭配上背景音乐的节奏,如图8-24所示。效果如图8-25所示。

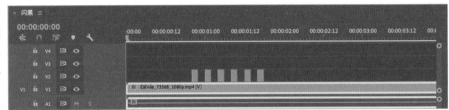

图8-24

图8-25

06 制作闪白效果的方法与制作闪黑效果的方法类似,只不过在新建图层时创建的是"颜色遮罩"图层。在"项目"面板中单击鼠标右键,执行"新建项目>颜色遮罩"菜单命令,如图8-26所示。

07 在弹出的"拾色器"对话框中设置"颜色"为"白色"(如果不想使用闪白效果,可以将"颜色"换成任意颜色,只要符合视频风格即可)。设置遮罩的名称为"闪白",单击"确定"按钮 建立图层,如图8-27所示。

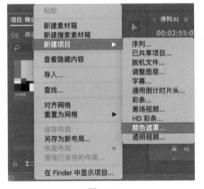

图8-26

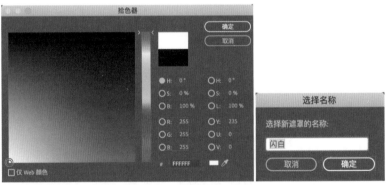

图8-27

08 将"闪白"图层拖曳到需要添加闪白效果的素材上方,如图8-28所示。使用"剃刀工具" 将白场每两帧进行一次切割并删除其中一个白场,最终效果如图8-29所示。

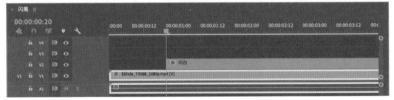

图8-28

图8-29

技术专题：创建转场效果素材库

第3章中讲解了多种炫酷转场特效，在进行商业活动快剪时可以适当加入一些转场特效，尤其是在两个镜头过渡特别生硬的地方，如场地之间的变化、不同活动之间的变化或不同环境的变化，如果能在这些位置有效地添加转场特效，就能让活动视频组接得更顺畅。

为了更方便地添加转场特效，可以创建转场效果素材库，用来存放常用的转场特效。有时会为多段素材添加特效，如果使用鼠标依次添加会非常浪费时间，此时可以选择需要添加转场特效的素材，按Shift＋D组合键实现转场特效的批量添加，如图8-30所示。

图8-30

8.3 实现快速剪辑

要想实现快速剪辑，除了要有剪辑思路外，更要掌握一些快速剪辑操作上的技巧。

8.3.1 使用快捷键让剪辑更快速

熟练掌握剪辑软件的快捷键，可以大大提升工作效率，让剪辑更加快速。

· 设置快捷键

在各个版本的Premiere中设置快捷键的方法是相同的，只是macOS和Windows系统的快捷键设置稍有不同，但整体差别不大。可以在菜单栏中执行"Premiere Pro＞快捷键"菜单命令或"编辑＞快捷键"菜单命令，也可以按Ctrl＋Alt＋K组合键，如图8-31所示。

图8-31

在弹出的"键盘快捷键"对话框中可以看到Premiere中默认设置好的快捷键，如图8-32所示。记住这些快捷键，在剪辑任何视频时都可以通过默认快捷键进行操作，也可以根据自己的喜好对快捷键进行修改。

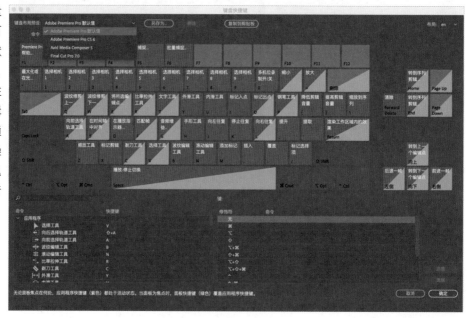

图8-32

先恢复快捷键的默认设置，如果要修改"放大"的默认快捷键，则在"搜索"栏中搜索"放大"，单击"放大"快捷键一栏会弹出蓝色的输入框，此时按P键即可。如果在输入完成后要取消或删除快捷键，可以直接单击输入框中的"×"，如图8-33所示。

图8-33

设置完成后可以保存所有的快捷键，将设置好的快捷键另存为新的键盘布局设置。单击"确定"按钮，在弹出的"键盘布局设置"对话框中修改预设名称，最后单击"确定"按钮即可，如图8-34所示。

图8-34

· 常用快捷键

大家可以记住一些较为常用的快捷键，也是Premiere中默认的快捷键。

C键：切换到"剃刀工具"，在"时间轴"面板中可以分割视频。

V键：切换到"选择工具"，可以选中或移动视频。

A键：切换到"向前选择轨道工具"，可以同时选中后面的所有视频。

R键：切换到"比率拉伸工具"，可以缩放视频速率。

Ctrl＋K：切断整个视频轨道，在选中的位置处按Ctrl＋K组合键就完成了一次切割。

Ctrl＋M：导出视频。

↑：将光标移动到上一段剪切点。

↓：将光标移动到下一段剪切点。

←：光标向前逐帧移动，按住Shift键可以以5帧为单位向前移动。

→：光标向后逐帧移动，按住Shift键可以以5帧为单位向后移动。

I键和O键：按I键，标记入点；按O键，标记出点。入点和出点之间就形成了工作区。

X键：快速标记所选剪辑工作区。

Ctrl＋Shift＋X：取消工作区。

;：删除工作区。

＋或－：缩放时间轴宽度。

Ctrl＋＋/－：缩放轨道高度。

Shift＋＋/－：一次性缩放所有轨道高度。

8.3.2 快剪常用的快捷操作方法

在商业快剪中，经常有一些便捷的操作方法，如果能掌握这些方法，就能提升剪辑速度。

· **快速替换素材**

在商业活动快剪的过程中，当搭好框架并开始剪辑之后，有时会对某个片段不满意，需要替换素材。常规的操作方法是先删除原来"时间轴"面板中的素材，接着再将替换的素材拖曳到"时间轴"面板中。这里可以通过一种更快速的方法进行素材替换。

直接将要替换的素材拖曳到"节目"面板中，此时会出现"替换"，直接将素材拖曳到"替换"区域上就完成了操作，同样可以快速进行插入、覆盖和叠加等操作，如图8-35所示。

图8-35

· **在"时间轴"面板上快速选择需要编辑的素材**

在剪辑时拖曳时间线到想要修改的素材片段处，需要单击才能将素材选中。在快剪时为了提升剪辑的效率，可以在菜单栏中执行"序列>选择跟随播放指示器"菜单命令进行操作，这样在移动时间线时，时间线处于哪个位置就会自动选择哪段素材，如图8-36所示。

图8-36

· **快速删除空隙**

在进行商业活动快剪时，素材置入后会被切割成很多片段，片段之间会产生很多空隙。删除空隙的常规做法是在每段空隙之间单击鼠标右键并执行"波纹删除"菜单命令，如图8-37所示。

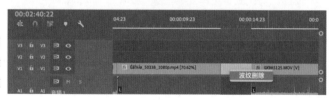
图8-37

如果素材中空隙太多，使用这种方法会耽误时间，影响效率。更快捷的做法是选择需要组接的所有素材，在菜单栏中执行"序列>封闭间隙"菜单命令，这样所有的素材就会自动组接在一起，如图8-38所示。

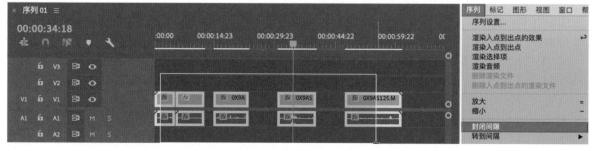
图8-38

• 3种分离音视频素材的方法

当将素材拖曳到"时间轴"面板中后，素材的视频和音频会默认自动链接在一起。如果想单独拖曳或修改视频、音频，可以单击鼠标右键并执行"取消链接"菜单命令，如图8-39所示。

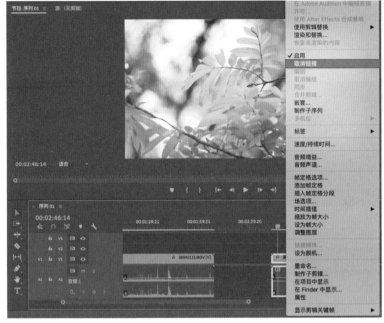

但是当拥有大量素材需要处理时，就要用一种更加快捷简便的分离方法。在"时间轴"面板中单击"链接选择项"按钮，当该按钮为蓝色状态时音视频保持链接，单击使其变为白色状态时音、视频取消链接，如图8-40所示。

图8-39

图8-40

还有一种更快捷的方法，即直接按住Alt键并在"时间轴"面板中单击想要修改的音、视频，这样就可以实现对音频或视频的单独操作了，如图8-41所示。

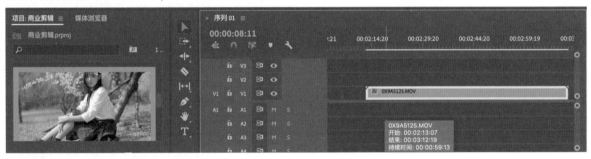

图8-41

将新素材拖曳到"时间轴"面板中的时候，如果只需要置入视频可以关闭A1轨道，如果只需要置入音频则可以关闭V1轨道。还可以通过"仅拖动视频"按钮和"仅拖动音频"按钮实现，如图8-42所示。

图8-42

- **统一调整音量**

在快剪结束后，如果发现音频音量过小，则需要放大轨道上音频素材的音量，这时一个个地设置会非常浪费时间。可以单击音频轨道左侧的"显示关键帧"按钮，执行"轨道关键帧＞音量"菜单命令，统一设置音频轨道上的音量，如图8-43所示。

在统一设置的音量曲线上，按住Ctrl键并单击，可以快速添加关键帧，对音量进行整体调节，如图8-44所示。

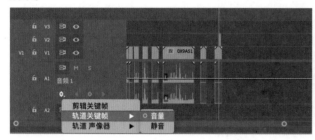
图8-43

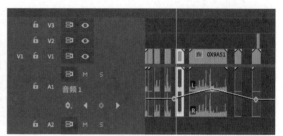
图8-44

8.3.3 学会这4招让剪辑更流畅

在剪辑时，如果视频文件过大或画质过高，计算机可能会出现卡顿的状况，这将非常影响剪辑的速度。本小节将介绍减少计算机卡顿的方法。

- **切换剪辑时视频浏览的画质**

可以在"节目"面板中设置浏览时的画质，画质越低剪辑起来就越流畅，如图8-45所示。在降低画质的同时要单击"节目"面板中的"设置"按钮并取消执行"高品质回放"菜单命令，如图8-46所示。

图8-45

图8-46

- **全局静音**

如果在视频剪辑时加入的音效或特效特别多，可以开启全局静音。在"节目"面板中单击"按钮编辑器"按钮▦，将"全局FX静音"按钮▨添加到"节目"面板中，单击该按钮就可以选择开启或关闭全局静音，如图8-47所示。

图8-47

- **优化渲染**

在菜单栏中执行"Premiere Pro＞首选项＞内存"菜单命令。在弹出的"首选项"对话框中，如果计算机的内存比较大，可以设置"优化渲染为"为"内存"，如图8-48所示。

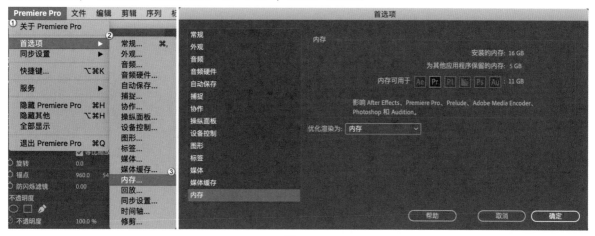

图8-48

- **启用硬件加速解码**

启用硬件加速解码功能可以利用硬件模块来代替软件算法以充分利用硬件进行加速解码，从而使输出视频的速度得到大幅提升。在菜单栏中执行"Premiere Pro＞首选项＞媒体"菜单命令，在弹出的"首选项"对话框中勾选"启用硬件加速解码（需要重新启动）"复选框，如图8-49所示。

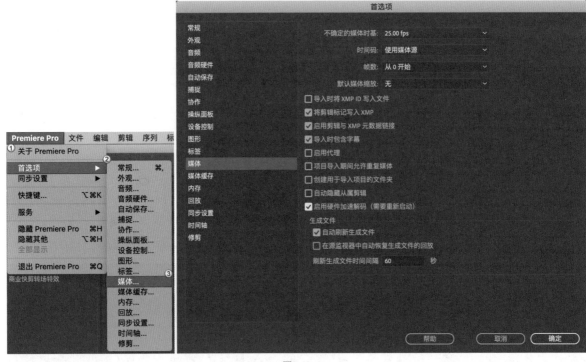

图8-49

8.3.4 学会整理工程文件

不论是商业活动快剪，还是日常影视、生活Vlog创作，都需要整理素材，合理、有效地创建工程文件会对剪辑效率有很大的提升。尤其是在进行商业活动快剪中，可以按照常用的几个项目素材，将文件夹分为"01原始素材""02网络素材""03音乐音效""04配音文件""05文案字幕""06其他"等，或按图8-50所示进行分类。也可以按照不同机位拍摄的素材进行分类，方法较多，不必拘泥于某一种。

图8-50

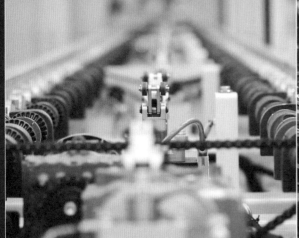

第**9**章 商业片的制作流程

■ **学习目的**

　　相比于商业活动快剪视频的拍摄与制作，商业片的拍摄与制作更专业，一般都是以团队为单位进行的，周期也更长。对个人来说，如果能够掌握商业片拍摄各个环节的内容，也会在整体协调、统筹兼顾等方面产生不错的效果。通过对本章的学习，即便没有团队，一个人同样能够完成商业片的拍摄和制作。

■ **主要内容**

· 企业宣传片的拍摄　　　　· 产品广告短片的拍摄与制作

· 宣传片的剪辑技巧　　　　· TVC的制作

9.1 企业宣传片的制作

企业宣传片一直以来都是一些传媒公司的主要业务之一，在商业拍摄中比较常见的是企业宣传片或政府宣传片。企业宣传片一般是为了统一企业形象、经营理念等内容，对企业进行宣传，对外进行展示，塑造企业形象，或者回顾企业历史、讲述企业文化而存在的，如图9-1所示。

通过拍摄并制作企业宣传片，可以让观众更直观地了解企业的经营理念、历史文化和产品。

图9-1

9.1.1 企业宣传片的拍摄流程

由于企业宣传片往往是各传媒公司的成熟业务，也是商业市场上的主流业务，因此它的拍摄具有相对固定的流程和模式，具体可以按照此流程进行企业宣传片拍摄的前后期准备。

· 前期准备工作

制订拍摄计划与拍摄周期。

在拍摄之前，要与企业确定好拍摄计划，如果不商定好具体的拍摄时间，很有可能在拍摄时遇到某位需要拍摄的人物不在、某项需要拍摄的工作停工等问题。因此在拍摄前一定要与企业做好沟通，确定拍摄计划。甚至有必要制作一个PPT，将拍摄流程、设备、人员和周期等内容放入PPT中，以便与企业更好地进行前期沟通，如图9-2所示。

图9-2

确定好拍摄计划后，要为每部分的工作制订时间表，做好时间规划，一方面为自己制订时间节点，另一方面也让企业做到心中有数，根据周期标注进行逐条验收。以下为大部分企业宣传片拍摄的流程与制作周期，读者在进行策划、拍摄和制作时可参考。

文案创意策划。在这一步骤中，需要与企业敲定视频的文案、风格等内容，这是拍摄企业宣传片的关键步骤，之后的步骤都是围绕这一步中确定的内容来进行，这一步通常需要占用1～7个工作日甚至更长的时间。报价越高的宣传片，这一步花费的时间也越长。

分镜头脚本撰写与拍摄。在确定好文案后，可以根据文案的解说词撰写分镜头脚本，根据分镜头脚本完成现场拍摄。这一步通常不超过3个工作日。一般企业方都希望宣传片能尽快制作完成，拍摄周期过长会影响企业的生产和工作，也会消耗太多员工的精力。

后期制作。这一步是比较耗费时间和精力的，需要根据文案和拍摄内容进行，一般需要一周或两周，甚至更长的时间，最终制成样片交给企业。

沟通与调整。企业得到样片后会进行反馈，这时需要与企业进行有效的沟通，精准地捕捉企业的修改意图，避免白费功夫。这一步一般占用1～5个工作日，最终修改后即可确定成片并制作发布。

· 确定文案和风格

企业宣传片与其他类型的商业片不同，由于企业宣传片是为企业服务的，因此要更看重企业的满意度，而不是大众和市场。在确定文案和风格时，一定要站在企业的角度，对企业理念和企业文化进行深度挖掘，做出受企业欢迎和认可的片子。

一般使用偏纪实的风格进行现场实拍，客观真实地记录，如图9-3所示。也可以使用偏表现的风格进行演绎，如图9-4所示。

图9-3 图9-4

还有人物专访类型，如图9-5所示。一般宣传片是将多种风格类型结合在一起的，这也需要根据企业制作宣传片的不同目的来确定。

图9-5

· 勘景与拍摄

在拍摄企业宣传片前，一定要到企业进行一次实地勘景，如图9-6所示。只有先了解企业的环境，以及具体的工作方式、方法和流程，才能在前期撰写分镜头脚本时准确又高效。

可以参照前面讲解的内容撰写分镜头脚本。企业宣传片的分镜头脚本可以制作得稍微简单一些，只需要根据文案内容确定拍摄内容，如图9-7所示。

图9-6 图9-7

一般企业在制作宣传片时，都会突出企业的大气和精细这两个特点。一方面，拍摄时需要多选用远景、大远景、延时和航拍等镜头体现企业的气势，如图9-8所示。另一方面，也要拍摄某个环节、某项工作的特写镜头，体现出精致、精细感，如图9-9所示。

图9-8 图9-9

9.1.2 企业宣传片的剪辑技巧

　　充分利用网络素材，可以为企业宣传片增色不少。本小节将介绍如何有效地把素材应用在企业宣传片中，以及如何进行访谈的快速剪辑。

· 利用叠加素材，营造科技感

　　企业宣传片的素材通常包括实拍素材和包装元素。实拍素材包含了现场拍摄部分、人物专访部分，以及配音解说部分，如图9-10所示。包装元素一般出现在片头、片尾和过渡部分，或者需要特殊强调数据、性能等的部分，如图9-11所示。

图9-10

图9-11

　　企业宣传片与其他类型的影片不同，在剪辑该类影片时主要遵从配音文案。另外，很多企业宣传片会追求科技感，可以通过在相关素材网站上下载一些有科技感的视频，与原有素材进行叠加，如图9-12所示。

图9-12

实例：网络素材与实际拍摄的融合

素材位置	素材文件＞CH09＞实例：网络素材与实际拍摄的融合
实例位置	实例文件＞CH09＞实例：网络素材与实际拍摄的融合
教学视频	实例：网络素材与实际拍摄的融合.mp4
学习目标	学习添加科技感素材

扫码看效果

　　通过对这个实例的学习，读者可以学会如何有效地把网络素材与实际拍摄素材相融合，最终效果如图9-13所示。

图9-13

01 将"素材文件>CH09>实例：网络素材与实际拍摄的融合"文件夹中的"130608.mp4"素材导入"项目"面板中，拖曳实拍素材到"时间轴"面板中，拖曳"包装素材1"网络素材到实拍素材上方的V2轨道上的00:00:01:10处，如图9-14所示。这是人物刚好用手触碰屏幕的瞬间，在人物触碰前恰好可以体现科技感。

图9-14

02 在"效果控件"面板中通过调整缩放比例，将两段视频的尺寸调整到一致，设置"缩放"为"67.0"，如图9-15所示。

图9-15

03 将放置网络素材的V2轨道调宽，直到显示出关键帧，如图9-16所示。可以看到V2轨道上出现"添加-移除关键帧"按钮 的同时还出现了一条横线，这条横线代表着视频的"不透明度"。

04 在V2轨道素材的开始位置单击"添加-移除关键帧"按钮 添加关键帧，如图9-17所示。在00:00:05:00处也添加一个关键帧。

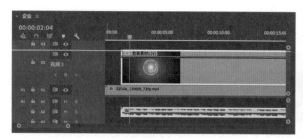

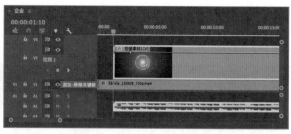

图9-16　　　　　　　　　　　　　　　　　　　图9-17

05 将第1个关键帧向下拖曳到最低位置，可以发现"节目"面板中出现了V1轨道上的实拍素材画面，如图9-18所示。V2轨道素材上的两个关键帧之间呈现出一条斜线，这代表着这段素材从透明到不透明的过程。

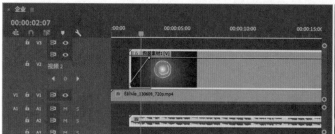

图9-18

经过上述操作后就呈现出两段素材的叠加效果，可以让观众感受到电子化系统的科技感。可以通过拖曳关键帧来调整"不透明度"效果的过渡时间，根据视频需要适当调整即可，如图9-19所示。最终效果如图9-20所示。

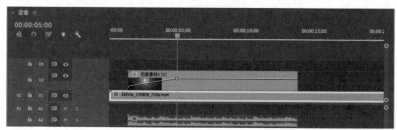

图9-19

图9-20

· 多机位剪辑

在拍摄企业宣传片时，为了节省拍摄时间，或在拍摄不可逆的工作时，如剪彩、大楼爆破等，经常会采用多机位的拍摄手法，尤其是在拍摄人物专访时，多机位拍摄是必要的，后期也可以实现多机位剪辑。

实例：多机位剪辑

素材位置	素材文件＞CH09＞实例：多机位剪辑
实例位置	实例文件＞CH09＞实例：多机位剪辑
教学视频	实例：多机位剪辑.mp4
学习目标	学习多机位剪辑

扫码看效果

本实例以双机位为例进行讲解，3机位甚至更多机位的操作方法相同。这里选用的是采访人物时使用的正面机位和侧面机位的素材，效果如图9-21所示。

图9-21

01 将"素材文件＞CH09＞实例：多机位剪辑"文件夹中的"侧面.MP4"和"正面.MOV"两段素材导入"项目"面板中，将正面主机位素材拖曳到V1轨道上，将侧面辅机位素材拖曳到V2轨道上，如图9-22所示。

图9-22

02 由于两段素材使用不同品牌的相机拍摄，因此色彩不统一，需要统一两段素材的色彩。第2章中具体讲解过调色的相关操作，这里则不再赘述。为了让大家能更好地区分两段不同的素材，本实例将不对画面色彩进行统一，这样可以让大家一目了然地从色彩上感受到操作时具体使用的是哪段素材，如图9-23所示。

图9-23

技巧提示

在双机位的拍摄与剪辑中，由于是以音频为基准进行视频切换的，因此在拍摄时要确保两个或多个机位的声音收录正常，这样才能实现后期的多机位剪辑。

03 从音频的波纹上可以发现两段素材的音频不同步，因此画面内容必然不同步，如图9-24所示。需要将两段素材的画面对齐，在"时间轴"面板中选择两段素材后单击鼠标右键，执行"同步"菜单命令，如图9-25所示。

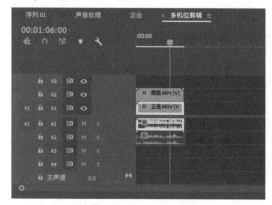

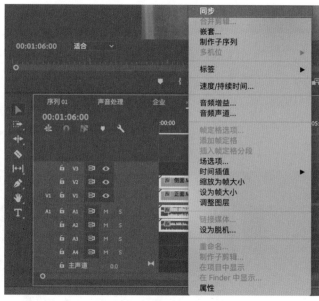

图9-24　　　　　　　　　　　　　　图9-25

04 在弹出的"同步剪辑"对话框中设置"音频"的"轨道声道"为主机位所在的轨道"1"，如图9-26所示。单击"确定"按钮 确定 后，音频已经进行了同步处理。V2轨道上的素材会自动对齐，这时两段素材的音画已经同步，如图9-27所示。

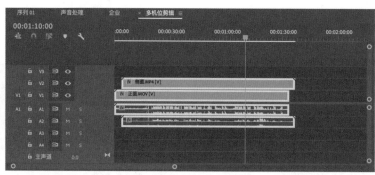

图9-26　　　　　　　　　　　　　　图9-27

05 使用"剃刀工具" 在00:00:18:24处剪辑并删除开始采访前的准备画面，保留采访的内容，如图9-28所示。

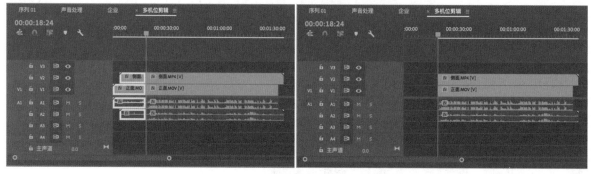

图9-28

06 同时选中两段素材并单击鼠标右键，执行"嵌套"菜单命令，在弹出的"嵌套序列名称"对话框中设置"名称"为"嵌套序列"，如图9-29所示。

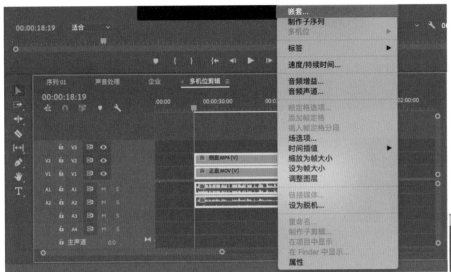

图9-29

07 在"时间轴"面板中选择"嵌套序列"素材，单击"节目"面板中的"按钮编辑器"按钮██，将"切换多机位视图"按钮██拖曳到按钮栏中，如图9-30所示。

08 选择嵌套序列并单击鼠标右键，执行"多机位＞启用"菜单命令，单击"切换多机位视图"按钮██，此时可以发现两个机位的素材都在"节目"面板中显示，如图9-31所示。

图9-30

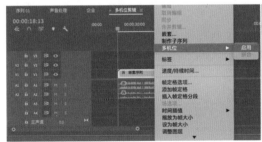

图9-31

09 在视频开始的位置播放，"节目"面板中的两段素材会同时播放，当需要切换画面时可以单击需要切换的画面，单击后画面的外框会变为红色，如图9-32所示。

图9-32

10 在停止播放时，轨道上会自动出现已经切割好的画面，多次操作后就完成了多机位剪辑。当全部剪辑完成后只需要保留主轨道上的音频，将其他轨道上的音频删除。删除访谈结束后多余的部分，即00:00:47:03后面的素材，如图9-33所示。最终效果如图9-34所示。

图9-33

图9-34

技术专题： 如何对准音频

　　在进行多机位采访时，由于后期剪辑需要通过音频进行素材对准，因此为了方便剪辑一般会在音频的某个点上进行处理，以保障多段素材都有这一瞬间的声音。这时可以在采访前进行一次打板，在打板的瞬间，各个机位的声音可以迅速以这个点进行统一。如果没有场记板，也可以通过拍手来代替，如图9-35所示。

图9-35

9.1.3 企业宣传片的声音处理

　　第4章介绍了声音的重要性，也介绍了如何对声音进行设计。本小节将着重讲解Premiere中处理声音的方法。在声音处理上，一般将直接录制、未经过处理的声音称为干音。与干音相对，经过效果器、均衡器等处理后的声音称为湿音。在企业宣传片中，无论是现场收音，还是后期配音，很少会使用纯干音，或多或少都会对干音进行处理。

　　在Premiere的"基本声音"面板中对音频进行处理。"基本声音"面板是一个多功能面板，提供混合技术和修复选项的一整套工具集，此功能适用于常见的音频混合任务。该面板提供了一些简单的控件，用于统一音量级别、修复声音、提高清晰度，以及添加特殊效果等。

在"基本声音"面板中可以看到音频剪辑被分为"对话""音乐""SFX""环境"4类，它们对应了视频制作中主要的4个音频类型，如图9-36所示。"对话"主要处理人声音频，"音乐"主要处理背景音乐的音频，"SFX"主要处理音效音频，"环境"主要处理环境音。

图9-36

可以根据音频的实际内容进入每个类型中操作。例如，在采访的视频中可以进入"对话"类型进行编辑，如图9-37所示。"预设"下拉列表中自带了多个预设内容，适用于音频的处理，在处理对话、配音或旁白等音频时可以选择"播客语音"预设，如图9-38所示。

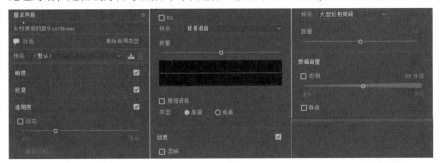

图9-37

图9-38

可以在"修复"中根据实际情况对音频进行微调，如图9-39所示。

在实际应用时可以根据需要进行相应的声音处理。例如，处理接电话的音频时，由于人声通过电话传出，因此可以选择"从电话"预设，如图9-40所示。以此类推，在不同的环境中选择对应的预设即可。

"SFX"一般是指音效。在使用"预设"的同时可以勾选"创意"中的"混响"复选框来实现想要的效果，如图9-41所示。

图9-39

图9-40

可以通过文字很好地理解其他几项。在实际音频处理过程中，无论是商业剪辑还是故事片、Vlog剪辑，都可以通过自己的想象和理解，利用Premiere进一步处理，达到理想效果。例如，在流行的复古风格的视频中，可以选择"从电视""从电台"声音效果完成复古风格视频的制作。

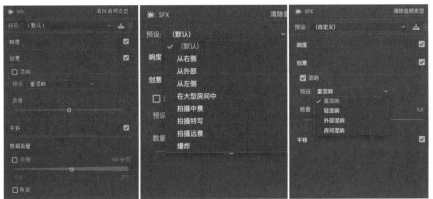

图9-41

技巧提示

"基本声音"面板中的音频类型是互斥的。为某段素材选择一个音频类型后，会还原先前使用另一个音频类型对该素材所做的更改。

9.2 产品广告短片的制作

目前在一些企业的产品推广中，为了低成本实现广覆盖，经常会找到个人创作者、小团队或传媒公司来制作产品短片。其中包括一些淘宝的视频展示广告，也包括一些短视频平台插入广告，以及灯箱、楼宇、电梯、户外广告。本节将讲解如何制作这类产品广告短片。

9.2.1 产品广告短片的策划

在拍摄和制作产品广告短片前需要先了解一下它的特点，一般这类广告时长在15秒内。由于其具有时间短的特点，通常这类广告在15秒的时间中主要展示产品，而不是介绍产品的多种功能、功效（在15秒内也很难介绍产品太多的内在属性和功能），其目的是让观众牢牢地记住该产品。

所以在策划时比较重要的是考虑产品的突出特点，并将这个特点提炼为一个关键词，在拍摄时将这个关键词所能带来的感觉放大。例如，拍摄某品牌的果汁广告，只突出其重要特点并总结为关键词"清凉"后进行延时拍摄，画面内容体现为夏日畅饮、海边度假和清爽假日等，使用15秒的时间展示内容，如图9-42所示。

又如，拍摄月饼广告时只突出重要特点，将它总结为一个关键词"团圆"，然后进行延时拍摄。画面内容体现为家人聚会时的温馨场面，月圆人团圆或思乡等，使用15秒的时间展示该内容，如图9-43所示。

图9-42

图9-43

9.2.2 产品广告短片的布景与拍摄

对产品广告短片来说，还有一个重要的环节就是布景，当场景确定后，风格也随之确定。也可以认为确定风格后，就要根据风格去进行对应的布置。例如，在月饼广告中，无论是布景还是打光，都要营造一种温馨的氛围。光线应用暖光，需要准备一些温馨、带有传统特色的道具，如酒壶、五谷杂粮、菊花瓣等，以营造出氛围感，如图9-44所示。也可以在室外拍摄时使用菊花、竹林作为背景。

当拍摄冰激凌、饮料的广告时，布景就要营造清新、时尚的氛围，如可以选择颜色鲜艳的背景板，使用一些带有颜色的KT板、卡纸等，在室外拍摄时使用大海、绿树等清新的场景，如图9-45所示。

图9-44

图9-45

在布光时，一定要让光线将拍摄的主体照亮。可以选择三点式布光，在主灯将主体照亮的同时使用反光板或辅助灯给物体进行补光，如果有条件，可以在逆光的位置给物体增加一个轮廓光，让主体更加突出，如图9-46所示。

另外，有时为了突出拍摄物体，会使用扫光，即一个暗背景下，使用一盏灯匀速地从物体身上扫过，让物体表面存在一层光影效果，如图9-47所示。

图9-46　　　　　　　　　　　　　　　　图9-47

9.2.3 产品广告短片的剪辑技巧

在剪辑产品广告短片时，先要根据之前的主体确定风格。例如，剪辑口红的广告短片，就需要在剪辑时突出产品的时尚感，可以使用节奏感强的背景音乐，然后添加一些产品叠加进行处理。在月饼的广告中需要将音乐节奏放慢，甚至进行升格处理。

同样是饮品，啤酒和咖啡代表着截然不同的两种风格，啤酒广告可以剪辑得时尚欢快一些，而在咖啡广告短片中则要突出稳重、优雅等特点。但无论是何种方式都需要突出产品，可以在剪辑中利用一些效果来突出拍摄的主体。

· 为产品描边

在后期制作时为了展示产品，可以制作描边的效果来突出产品。在素材中找到需要添加描边内容的部分，使用"剃刀工具" 剪辑这部分内容，如图9-48所示。

将这段素材复制一份到V2轨道上，在新复制的素材上添加效果。在"效果"面板中找到"查找边缘"效果并将其应用到素材上，如图9-49所示。

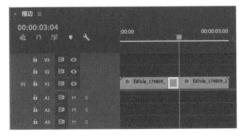

图9-48　　　　　　　　　　　　　　　　图9-49

在"效果控件"面板中找到"查找边缘"效果，勾选"反转"复选框，再设置"不透明度"的"混合模式"为"颜色减淡"，如图9-50所示。效果如图9-51所示。

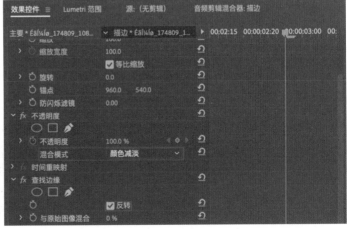

图9-50

图9-51

· 让产品弹出

可以制作一个产品的弹出效果，起到强调的作用。单击"运动"效果中"缩放"左侧的"切换动画"按钮 添加关键帧，让素材产生一个由小到大再到小的过程，形成弹出效果，如图9-52所示。

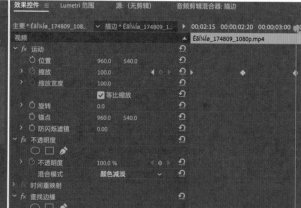

图9-52

添加一个"色彩"效果到复制的素材上，在"效果控件"面板的"色彩"效果中设置"将白色映射到"的"颜色"为"浅蓝色"（R:61, G:88, B:210），如图9-53所示。效果如图9-54所示。

图9-53

图9-54

· 让产品定格

让运动的素材，即展示的玻璃瓶在视频中突然定住，来实现强调效果。选择素材需要定格的部分，单击鼠标右键并执行"添加帧定格"菜单命令，然后复制运动的素材到V2轨道上，如图9-55所示。

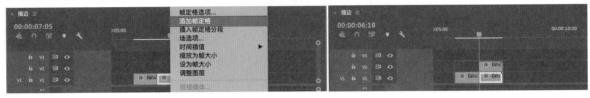

图9-55

选择新复制的图层，在"效果控件"面板中使用"自由绘制贝塞尔曲线"工具 勾勒出产品边缘，如图9-56所示。对该图层执行"嵌套"菜单命令进行嵌套，如图9-57所示。

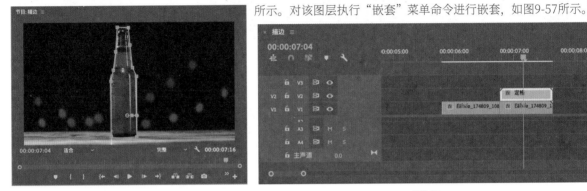

图9-56   图9-57

嵌套后在"效果"面板中找到"油漆桶"效果并将其应用到嵌套的素材上。接着在"效果控件"面板的"油漆桶"效果中，设置"填充选择器"为"Alpha通道"、"描边"为"描边"、"描边宽度"为"10.0"、"颜色"为"白色"，如图9-58所示。

该"描边"会使产品的内部描线过粗，为了不影响产品的展示，需要将已描边的素材向上方轨道复制一层，将复制的素材中的"油漆桶"效果删除，如图9-59所示。

图9-58   图9-59

嵌套两个图层，为新嵌套的图层制作"缩放"和"位置"的变化效果，在对应变化的位置添加关键帧。同时给第1个关键帧添加"缓出"效果，给第2个关键帧添加"缓入"效果，如图9-60所示。

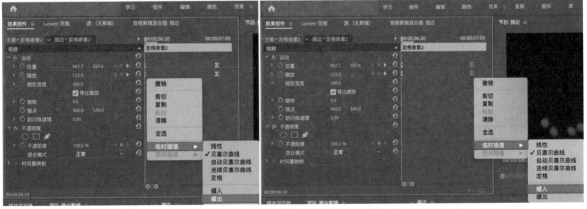

图9-60

225

在"效果"面板中找到"高斯模糊"效果并将其添加到第1层背景上，设置"模糊度"为"70.0"，如图9-61所示。这样一个定格效果就实现了，最终效果如图9-62所示。可以根据音乐节奏选择在适当的时间定格，在定格时还可以通过字体设计为产品加入文字内容。

图9-61

图9-62

9.3 TVC的制作

广告片有多种分类，平时在电视上常见的广告称为TVC，它的全名是Television Commercial。如果说电影是影视创作金字塔的顶端，那么TVC则是广告领域中较为复杂、高级的一类。

这类广告需要根据客户的需求进行充分的剧本创作，在精心布置的布景下完成拍摄，通过多方位的后期制作，最终打造出高品质的广告片。在TVC制作中，往往需要一个强大的团队互相配合，才能完成最终的制作。但个人创作者或简单的团队也可以通过对本节的学习完成一部TVC的制作，如图9-63所示。

图9-63

9.3.1 TVC的拍摄流程

TVC需要先由客户提出拍摄需求，然后找到代理商，接着代理商会通过客户的需求提出一套推广方案并与客户沟通，方案确定后将由代理商选择制作公司和导演。

拿到了拍摄任务后要先对代理商给出的方案脚本进行解读，然后根据所学知识撰写分镜头脚本。这一步完成后一般会和代理商进行沟通，在得到确认后再开始进行下一步，具体步骤流程如图9-64所示。

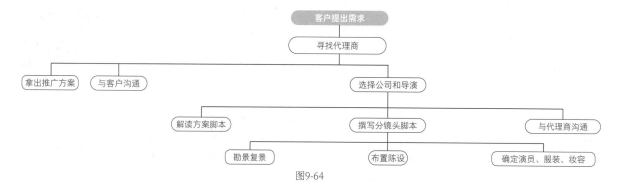

图9-64

在拍摄前要寻找合适的场地并进行勘景复景、布置陈设，同时还要确定演员、服装和妆容，在前期准备完成后就可以开始拍摄了。

在拍摄当天，需要先对场景进行准备，道具、布景需要在拍摄前准备完成。然后摄影师和灯光师进入场地进行布光并安排机位，接着导演对整个环境进行整体检查。通常代理商和客户在拍摄时会来到现场，一方面方便他们了解内容，另一方面也便于沟通，确保拍摄内容符合要求。

要严格按照事先准备的分镜头脚本进行拍摄，在完成拍摄后可以加拍一些即兴发挥的内容。除了需要分镜头脚本外，还需要整理出一套拍摄顺序脚本，拍摄顺序脚本会根据拍摄的时间、场地、人员进行排列。拍摄顺序脚本不是故事发展的顺序，而是一个有特点的拍摄顺序。

拍摄结束后就可以进入后期部分，首先需要对素材进行剪辑，然后按照之前准备的方案进行整体调色，接着开始修复内容，如皮肤、体态等和需要合成的部分，最后对音频进行处理，这些内容都完成后就可以顺利交片了，流程如图9-65所示。

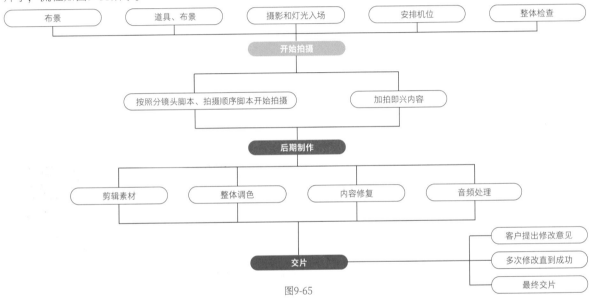

图9-65

9.3.2 广告创意

对广告影视作品来说，好的创意、好的思路，甚至好的文案，都远比好的拍摄和剪辑更加重要。那么应该如何获得好的创意或者如何在日常创作中激发出灵感呢？

好的创意和灵感来源于日常积累，多看优秀的广告是比较有效的办法之一。例如，通过看"中国广告金狮奖""戛纳广告奖"国内外得奖的广告大片来寻找灵感，也可以在网上搜索一些优秀的广告。如果成本和预算较少，则可以在网上观看并解析其他国家的优秀创意广告，如国外广告中经常在转折点加入催泪情节，让观众在意料之外泪流满面。

另外需要注意，要在广告中讲好故事，这个故事也需要准确和精练。在电视时代，广告是按秒来收费的，在广告中浪费一秒就等于浪费很多钱，因此广告的文案需要精练。一定要在有限的时间内传递出产品或品牌的深层价值观。可以适时创作"金句式"文案或在文案中加入励志语句等让人产生共鸣。一句经典的广告语可以让品牌流传很久，所以无论是什么样的广告，都要尽可能提供一个可持续传播的文案或视听标记。

9.3.3 拍摄剪辑技巧

在剪辑时需要先找到转折点，当看到影片的脚本时就要对影片的形式和剪辑的方式有大致规划。对TVC的广告来说，它和其他影视类的剪辑区别较大的一点是一定要找到影片的转折点。因为在TVC中转折非常重要，不论是文本上，还是视听上，都需要转折来带动变化。

要明确使用什么方式进行转折。经常使用的一种方式是用声音的突然变化，需要找一个合适的背景音乐，在TVC剪辑中应该尽量避免使用电影的原声音乐或大众耳熟能详的音乐。音乐的节奏不要过于平淡，要稍微有些起伏，这样才能更好地带动观众的情绪。

实例：利用声音和音效带动节奏

素材位置	素材文件＞CH09＞实例：利用声音和音效带动节奏
实例位置	实例文件＞CH09＞实例：利用声音和音效带动节奏
教学视频	实例：利用声音和音效带动节奏.mp4
学习目标	学习如何利用声音和音效带动节奏

扫码看效果

利用声音带动节奏的常用方法是使用混音收尾，前一段音乐突然结束，中间停顿一段后突然响起一段音乐，形成前后反差。为了让声音更加契合氛围，可以使用混音。

01 将"素材文件＞CH09＞实例：利用声音和音效带动节奏"文件夹中的"无梦芳华——疯马与牛作品.mp4"和"西窗雨.mp3"两段素材导入"项目"面板并将前者拖曳到"时间轴"面板中，如图9-66所示。

02 使用鼠标右键单击导入的视频素材，执行"取消链接"菜单命令后删除原视频素材的音频素材，如图9-67所示。

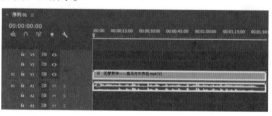
图9-66

图9-67

03 将音频素材"西窗雨.mp3"拖曳到A1轨道上，根据音乐内容保留音乐中开始唱歌的部分和高潮部分。使用"剃刀工具"在00:00:52:13、00:01:42:13和00:05:22:22处剪辑，如图9-68所示。

04 删除剪辑后的第1段和第3段音频素材，保留第2段和第4段音频素材并将A1轨道上的音频素材组接在一起，如图9-69所示。

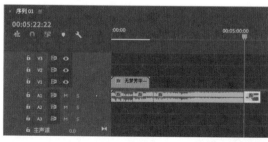
图9-68

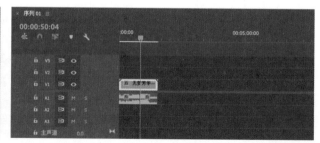
图9-69

05 在第1段音频靠近末尾的00:00:46:00处剪辑，目的是截出一段音频进行"嵌套"，在截取出的音频上单击鼠标右键并执行"嵌套"菜单命令，如图9-70所示。

06 由于嵌套后的音频素材无法将时间延长，因此需要双击嵌套素材，进入素材后新建一个"调整图层"并将其置于素材上方轨道，使"调整图层"的长度大于音频素材，如图9-71所示。

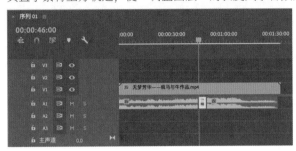

图9-70

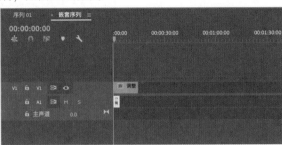

图9-71

07 将第3段音频素材的开始部分向后拖曳，目的是为嵌套的音频素材留出延长的空间，将嵌套的素材向后拖曳，与第3段音频组接，如图9-72所示。

图9-72

08 在"效果"面板中找到"环绕声混响"效果并将其应用到嵌套音频素材上，在"效果控件"面板中单击"环绕声混响"右侧的"预设"按钮 并设置为"在教堂中"，如图9-73所示。也可以尝试使用其他效果。

09 添加效果后使用"剃刀工具" 在视频的00:00:52:07和00:00:55:14处剪辑，删除剪辑出的小段视频和音频，如图9-74所示。这是为了把一个整体的视频剪辑为两段，并且在中间留有空隙。

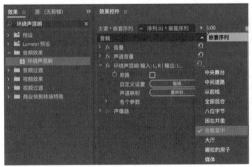

图9-73

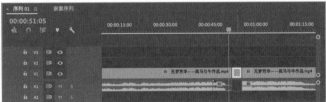

图9-74

10 在"效果"面板中找到"交叉溶解"效果并将其应用到第1段视频的尾部和第2段视频的头部，实现第1段视频的淡出效果和第2段视频的淡入效果，如图9-75所示。

11 根据被嵌套音频的回声长度，将第1段视频向前拖曳到与嵌套音频末尾的声音对齐，在00:00:50:06处，如图9-76所示。

图9-75

图9-76

12 根据音频回声适当调整淡出效果的长度，设置第1段"交叉溶解"的"持续时间"为00:00:00:14，设置第2段"交叉溶解"的"持续时间"为00:00:00:10，如图9-77所示。

13 将最后两段视频、音频素材向前拖曳到00:00:51:00处，如图9-78所示。

图9-77   图9-78

9.3.4 导出视频

视频制作的最后一步就是在Premiere中将剪辑完成的视频导出，本小节将讲解如何正确地导出视频。

· 正确导出4K视频

4K分辨率属于超高清分辨率，在该分辨率下，观众可以看清画面中的每一个细节和特写。目前越来越多的拍摄设备支持4K拍摄，更多的视频平台也支持播放4K视频，因此未来4K视频将逐步成为主流。

在Premiere中执行"文件>导出>媒体"菜单命令或按Ctrl+M组合键，如图9-79所示。

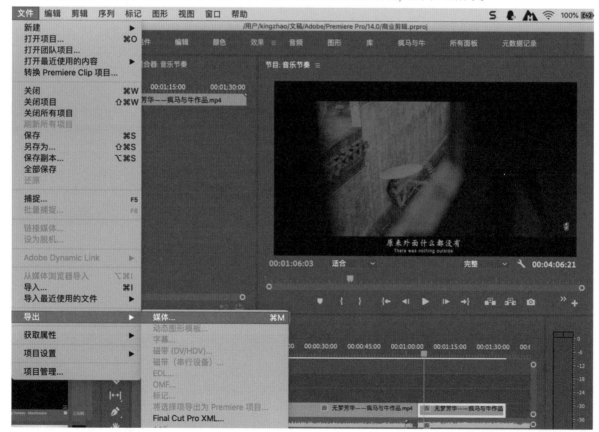

图9-79

在弹出的"导出设置"对话框中设置导出的"格式"为"H.264"，如图9-80所示。单击"输出名称"右侧的超链接，即可在弹出的"另存为"对话框中设置视频的名称和存放的位置，如图9-81所示。

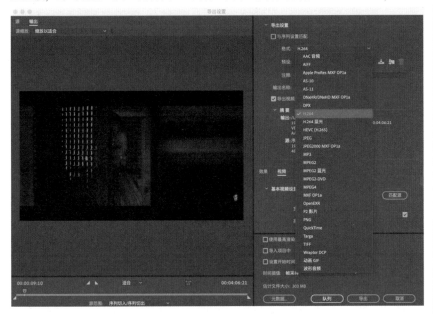
图9-80

图9-81

如果要导出视频就勾选"导出视频"复选框，如果要导出音频就勾选"导出音频"复选框，如果视频、音频都需要导出则同时勾选两个复选框，如图9-82所示。

图9-82

在"基本视频设置"中取消勾选"将此属性和源视频相匹配"复选框后单击"选择在调整大小时保持长宽比不变"按钮 🔗 取消宽度与高度的链接，设置"宽度"为"3840"、"高度"为"2160"，如图9-83所示。

设置"帧速率"为"24"fps，"场序"为"逐行"，"长宽比"为"方形像素（1.0）"，如图9-84所示。

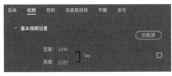
图9-83

图9-84

技巧提示

使用"逐行"的"场序"是因为目前所用的大多数都是逐行扫描设备，而常说的1080P中的P就是指逐行扫描。与逐行扫描对应的还有隔行扫描，但采用隔行扫描的显示器已逐渐被淘汰。

如果计算机配置足够高，不用担心花费过长的时间生成视频，则可以勾选"以最大深度渲染"复选框，这能够小幅度提升画质，如图9-85所示。

可以设置"比特率编码"，如果设置为"VBR，2次"，表示把计算和压制分为两次来进行，画质会更好一些，但也会更耗时一些。如果希望耗时更少，可以牺牲一定的画质选择"VBR，1次"，如图9-86所示。"CBR"编码模式的编码内容质量不稳定，容易产生马赛克。

图9-85

图9-86

"目标比特率"一般不超过20，因为一些视频平台要求上传的视频文件大小不超过20000KB。可以设置"最大比特率"为"50"，如图9-87所示。

勾选"关键帧距离"和"使用最高渲染质量"复选框，会稍微提升一点画面的质量，但也会增加一些导出时间，如图9-88所示。

图9-87 图9-88

可以对"音频"进行设置，设置"音频编解码器"为"AAC"、"采样率"为"44100Hz"、"声道"为"立体声"、"比特率"为"320"、"优先"为"比特率"，如图9-89所示。至此就完成了4K画质导出的设置。

图9-89

为了方便以后使用，可以将4K导出设置保存为"预设"。单击"保存预设"按钮 ，在弹出的"选择名称"对话框中设置预设名称为"4K导出预设"，下次就可以快速地导出4K视频了，如图9-90所示。

图9-90

· 正确导出1080P视频

1080P是一种视频显示格式，它是最高等级高清数字电视的格式标准，也是目前比较常用的视频显示格式。因为大多数设备和网站只支持播放1080P的视频，所以在日常剪辑导出时通常会导出为1080P。

1080P的导出设置大多与4K相同，只需要设置"基本视频设置"中的"宽度"为"1920"、"高度"为"1080"即可，如图9-91所示。

图9-91

· 方便微信传输的小格式视频

一般情况下，视频制作好后需要先给甲方提供一个小格式的版本，通常会选择比较方便的传输方式。例如微信，目前微信能传输的最大视频大小是25MB。为了方便微信传输，在导出时可以通过调整参数将视频的质量进行压缩。

只需要设置"目标比特率"为较小的参数，同时取消勾选其他增强画质的参数即可，如图9-92所示。

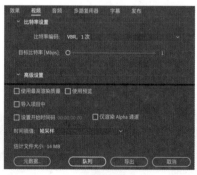

图9-92

技术专题： 与平台保持统一标准

网络视频平台为了节省用户流量和自身流量负荷，一般会对高质量视频进行二次压缩，如果要将视频上传到网络视频平台，并且不想被压缩画质，就需要找到这些网络平台要求上传视频的最高标准，如图9-93所示。当视频标准低于或等于要求的标准时就可避免被压缩。

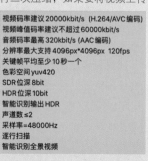

视频码率建议20000kbit/s (H.264/AVC编码)
视频峰值码率建议不超过60000kbit/s
音频码率最高320kbit/s (AAC编码)
分辨率最大支持4096px*4096px 120fps
关键帧平均至少10秒一个
色彩空间yuv420
SDR位深8bit
HDR位深10bit
智能识别输出HDR
声道数≤2
采样率=48000Hz
逐行扫描
智能识别全景视频

图9-93